剪映 AI

手机版＋电脑版＋网页版

短、中、长视频剪辑全攻略

沈沛 | 编著

清华大学出版社
北京

内容简介

本书不仅讲解了剪映手机版、剪映电脑版，还讲解了剪映网页版（即梦），介绍了如何剪辑短视频、中视频、长视频。让你花一本书的钱，学会三个版本的剪映。

书中包含了众多剪映AI的功能，如AI调色、AI美妆、AI特效、AI抠像、AI补帧、AI写文案、AI识别字幕、AI识别歌词，特别是AI文生视频、AI图生视频的热门内容。

本书共分三篇：第一篇讲解了剪映手机版的基础与核心技能。第二篇讲解了短视频案例制作。包括运用剪映手机版进行图片效果制作、AI图片效果创作、AI一键生成视频技术等，以及用剪映电脑版和网页版（即梦）进行文生图、文生视频、图生视频等；第三篇讲解了电脑中、长视频处理。以案例的形式介绍了制作中型、大型视频的具体方法。

本书除纸质内容外，随书资源包中还包含了书中案例的教学视频、效果文件和素材文件，读者可扫描书中二维码及封底的"文泉云盘"二维码，手机在线观看学习并下载素材文件。

本书适合剪映手机版读者、剪映电脑版读者，以及短视频爱好者、自媒体运营者和从事视频领域工作的读者阅读，另外，本书还可以作为学校教材使用。

本书封面贴有清华大学出版社防伪标签，无标签者不得销售。
版权所有，侵权必究。举报：010-62782989，beiqinquan@tup.tsinghua.edu.cn。

图书在版编目（CIP）数据

剪映AI：短、中、长视频剪辑全攻略：手机版+电脑版+网页版 / 沈沛编著. -- 北京：清华大学出版社，2025.5. -- ISBN 978-7-302-69082-5

Ⅰ.TP317.53

中国国家版本馆CIP数据核字第20252XN373号

责任编辑：贾旭龙
封面设计：秦　丽
版式设计：楠竹文化
责任校对：范文芳
责任印制：沈　露

出版发行：清华大学出版社
　　　网　　址：https://www.tup.com.cn，https://www.wqxuetang.com
　　　地　　址：北京清华大学学研大厦A座　　　邮　编：100084
　　　社 总 机：010-83470000　　　　　　　　　邮　购：010-62786544
　　　投稿与读者服务：010-62776969，c-service@tup.tsinghua.edu.cn
　　　质量反馈：010-62772015，zhiliang@tup.tsinghua.edu.cn
印 装 者：小森印刷（北京）有限公司
经　　销：全国新华书店
开　　本：185mm×260mm　　　印　张：12.25　　　字　数：233千字
版　　次：2025年6月第1版　　　　　　　　　　　印　次：2025年6月第1次印刷
定　　价：89.80元

产品编号：107555-01

前言 Preface

写在前面

这些年，我常常被问："剪辑工具越来越智能，我们还需要学这些吗？"每次听到这个问题，我都会想起自己第一次用剪映AI时的震撼——原本需要两小时抠图换背景的片段，输入一句描述，30秒就生成了理想画面。那一刻，我既兴奋又忐忑：技术跑得这样快，我们到底该用它做什么？

写这本书，不是想教你如何"依赖AI"，而是想和你一起探索，怎样让AI成为放大创意的伙伴。在测试上百个案例后，我发现：那些真正打动人的视频，从来不是靠AI生成的"流水线作品"，而是创作者把AI当作一支更聪明的笔——用它填补技术的短板，腾出双手去雕琢故事的温度。

因为最好的技术，不该让人焦虑"被取代"，而是让我们更专注成为"有灵魂的创造者"。

如果你也曾为剪辑效率苦恼，或对AI技术既期待又迷茫，那么这本书的每一章，都将是你从"手忙脚乱"走向"人机协作"的路线图。

软件优势

剪映作为一款视频剪辑后期软件，不仅功能强大，拥有数量庞大的手机版用户，而且其电脑专业版用户也在逐渐增多。

用剪映手机版处理短视频非常方便，几乎大部分的抖音用户都会在剪映中剪辑和处理视频，而剪映手机版与剪映电脑版也有相通的功能，因此手机版的用户可以上手电脑版。与手机版相比，电脑版在处理中、长视频方面有其优势。

由于电脑版界面广阔，储存容量大，所以在处理多个素材和时长较长的视频上比较方便。另外，即梦是由剪映推出的一款AI创作工具，利用先进的AI技术，可以生成高质量的视频效果。因此，用户完全可以掌握三个版本，使其优势互补，从而剪辑出更多更精彩的短、中和长视频。

本书特色

一段播放量超亿次或者点赞量超百万的视频都离不开视频后期处理，而处理视频离不开视频后期软件，剪映手机版、剪映专业电脑版和剪映网页版（即梦）都是深受用户喜欢的视频后期软件，本书从这三款软件入手，介绍其功能、操作方法和如何制作视频。

本书主要具有以下特点：

（1）**按篇分章，由易到难** 从基础与核心技能篇、短视频案例篇到电脑中、长视频处理篇，从基础到复杂，帮助读者一步步地提升视频后期处理技能。

（2）案例广泛，功能实用　本书用案例的方式介绍剪映中的每个核心功能和 AI 创作技巧，让读者在实战中学会操作，制作出更多实用的热门视频。

（3）全程图解，视频教学　用图片的方式展现步骤，让读者学得更轻松；同时有视频教学，让读者从视频中掌握每个操作细节，实现能力质的提升。

本书结构

【基础与核心技能篇】

本篇包含"视频编辑入门：剪映操作与技巧""智能剪辑进阶：掌握 AI 剪辑功能""声音的艺术：音频编辑与 AI 修饰""文字的力量：效果制作与 AI 辅助""色彩魔法：调色技巧与 AI 赋能""转场的奇妙：视频的过渡技巧""特效大师：特效应用与 AI 创作" 7 章内容，系统地讲解了剪映手机基本功能以及多种 AI 功能的具体操作方法，让用户掌握最基础的各项操作，巩固好剪映基础，为后面的综合案例操作做好理论准备。

【短视频案例篇】

本篇共 5 章内容，主要介绍了"静态美感：图片效果制作""动态视觉：AI 图片效果创作""快速成片：AI 一键生成视频技术""文案创作：从文字到视觉艺术的转化"以及"图像再生：从静态到动态的转化"，由简单到复杂，用案例的方式介绍制作方法，让用户快速掌握各项 AI 功能，从而快速制作同款爆款视频，获得更多的流量和关注。

【电脑中、长视频处理篇】

本篇共 4 章内容，主要介绍了"电影色调制作：塑造质感大片""《新闻播报》：AI 虚拟数字人视频""《大美长沙》：制作精彩视频集锦"以及"《秀丽江景》：延时视频后期流程"等内容，并通过案例对电脑专业版的基本剪辑功能进行了详细讲解，让读者学会如何在剪映电脑版中制作和处理中、长视频。

版本说明

本书使用的剪映手机版为 13.9.0 版、剪映电脑版为 5.8.0 版。

作者在编写的过程中，是根据当前界面截取的实际操作图片，但书从编辑到出版需要一段时间，在此期间，这些工具的功能和界面可能会有变动，请在阅读时，根据书中的思路，举一反三进行学习。

提醒：即使是相同的提示词和素材，软件每次生成的效果也会有所差别，这是软件基于算法与算力得出的新结果，是正常的，所以大家看到书里的效果与视频有所区别，包括大家用同样的提示词自己进行实操时得到的效果也会有差异。因此在扫码观看教程时，大家应把更多的精力放在学习操作技巧上。

作者售后

本书由沈沛编著，参与资料整理的还有熊菲等，在此表示感谢。由于作者知识水平有限，书中难免存在疏漏之处，恳请广大读者批评、指正，读者可扫描封底"文泉云盘"二维码获取作者的联系方式，以便与我们交流、沟通。

编者
2025 年 3 月

目录 Contents

基础与核心技能篇

第1章 视频编辑入门：剪映操作与技巧 — 2

- 1.1 下载、安装并打开剪映App界面 — 3
- 1.2 认识界面，了解功能——《城市风光》 — 3
- 1.3 复制和替换素材——《添加片尾》 — 4
- 1.4 使用倒放功能——《倒转时间》 — 6
- 1.5 定格视频画面——《留住最美的瞬间》 — 6
- 1.6 设置常规变速——《慢倍速播放》 — 8
- 1.7 制作曲线变速——《制作变速转场》 — 10
- 1.8 制作蒙版分身——《自己拍自己》 — 12

第2章 智能剪辑进阶：掌握AI剪辑功能 — 15

- 2.1 AI玩法功能——《变身漫画人物》 — 16
- 2.2 智能转换视频比例——《惬意时刻》 — 17
- 2.3 智能修复视频——《卖萌女孩》 — 20
- 2.4 智能包装功能——《航拍时刻》 — 21
- 2.5 智能补帧功能——《湖边游玩》 — 22

第3章 声音的艺术：音频编辑与AI修饰 — 25

- 3.1 导入音频素材——《假日海边》 — 26
- 3.2 剪辑音乐素材——《金色落日》 — 27
- 3.3 提取音乐素材——《绚烂星空》 — 29
- 3.4 添加音效素材——《涛声依旧》 — 30
- 3.5 AI文本朗读——《旅游风光》 — 32
- 3.6 AI人声美化——《沙漠景色》 — 33
- 3.7 智能改变音色——《墨镜女孩》 — 34
- 3.8 智能声音成曲——《江边漫步》 — 35

第4章 文字的力量：效果制作与AI辅助 — 38

- 4.1 添加文字素材——《缆车之旅》 — 39
- 4.2 添加贴纸素材——《春天的宝藏》 — 41

4.3	添加文字模板——《城市记忆》	43
4.4	制作文字消散——《往事随风》	44
4.5	制作镂空文字——《不夜城》	46
4.6	制作滚动字幕——《谢幕片尾》	47
4.7	AI 识别字幕——《浏阳烟花》	50
4.8	AI 识别歌词——《KTV 字幕》	52
4.9	AI 写文案——《晚霞风光》	54

第 5 章　色彩魔法：调色技巧与 AI 赋能　57

5.1	调出古风色调——《古镇风情》	58
5.2	调出清新色调——《远方的风景》	60
5.3	调出黑金色调——《城市夜景》	62
5.4	AI 调色功能——《粉色云霞》	64
5.5	AI 美妆功能——《快速化妆》	65
5.6	色彩克隆功能——《秋高气爽》	66

第 6 章　转场的奇妙：视频的过渡技巧　71

6.1	添加基础转场——《袅袅荷花》	72
6.2	无人机云台转场——《三汊矶大桥》	74
6.3	线条切割转场——《季节转换》	77
6.4	文字转场——《美丽竹海》	79
6.5	书本翻页转场——《湖边夕阳》	82

第 7 章　特效大师：特效应用与 AI 创作　85

7.1	添加自然特效——《春日花瓣》	86
7.2	添加人物特效——《大头特效》	87
7.3	添加动感特效——《强烈节拍》	89
7.4	使用灵感模板进行 AI 创作——《古风人物》	91
7.5	使用热门模板进行 AI 创作——《毛毡娃娃》	92

短视频案例篇

第 8 章　静态美感：图片效果制作　96

8.1	风景滤镜卡点——《夕阳变色卡点》	97

8.2　炫酷抖动卡点——《动感写真卡点》　100
   8.3　全景照片变视频——《风光无限好》　103
   8.4　制作万物分割视频——《动感拼合》　104
   8.5　更换季节——《慢慢变成冬天》　106
   8.6　滑屏Vlog视频——《江边美景》　108

第9章　动态视觉：AI图片效果创作　112

   9.1　使用智能抠像功能——《更换视频背景》　113
   9.2　生成AI写真照片——《毕业照片》　114
   9.3　使用AI改变人物表情——《笑颜如花》　116
   9.4　使用AI变换人像风格——《魔法变身》　117
   9.5　制作AI动态效果——《花火大会》　119

第10章　快速成片：AI一键生成视频技术　121

   10.1　一键生成——《美食视频》　122
   10.2　一键生成——《萌娃相册》　123
   10.3　一键生成——《甜酷卡通脸》　125
   10.4　一键生成——《AI写真集》　126

第11章　文案创作：从文字到视觉艺术的转化　128

   11.1　手机以文生图——《东方少女》　129
   11.2　手机以文生视频——《长沙美食》　130
   11.3　电脑以文生视频——《茫茫沙漠》　134
   11.4　即梦以文生图——《雪地女孩》　136
   11.5　即梦以文生视频——《日照金山》　138

第12章　图像再生：从静态到动态的转化　140

   12.1　手机以图生图——《可爱萌娃》　141
   12.2　手机以图生视频——《古风粉墨卷轴》　142
   12.3　电脑以图生视频——《罗马女神》　144
   12.4　即梦以图生图——《古装女生》　146
   12.5　即梦以图生视频——《快乐小狗》　149

电脑中、长视频处理篇

第 13 章　电影色调制作：塑造质感大片　152

13.1　运用调节工具进行调色　153
13.2　利用 LUT 工具渲染色彩　154
13.3　夕阳天空调色——《绚烂色彩》　156
13.4　青橙电影色调——《古风建筑》　158
13.5　莫兰迪电影色调——《荷叶连连》　160

第 14 章　《新闻播报》：AI 虚拟数字人视频　163

14.1　添加新闻背景素材　164
14.2　生成数字人视频　164
14.3　编辑数字人视频　166
14.4　添加贴纸　168
14.5　添加字幕　168

第 15 章　《大美长沙》：制作精彩视频集锦　170

15.1　导入多段视频素材　171
15.2　添加音乐和剪辑时长　172
15.3　为视频素材设置转场　173
15.4　制作片头和片尾　174
15.5　制作标签文字　178
15.6　导出完整视频　180

第 16 章　《秀丽江景》：延时视频后期流程　181

16.1　导入延时照片　182
16.2　制作延时视频　183
16.3　添加动感音乐　184
16.4　调出靓丽色调　185
16.5　导出延时视频　186

基础与核心
技能篇

第1章

视频编辑入门：剪映操作与技巧

◎ **本章要点**

作为一名新手小白，如何快速上手剪映App呢？学完本章内容之后，你就会得到答案。本章作为剪映入门篇，涉及的操作都是剪映入门技巧和基础知识，首先笔者会带领大家认识和了解剪映App的界面构成，后续用实战案例介绍剪映App的一些剪辑功能，让大家掌握剪映入门技巧。

◎ **效果欣赏**

1.1 下载、安装并打开剪映 App 界面

使用剪映 App 之前，首先需要安装并打开剪映 App。下面介绍下载、安装并打开剪映 App 的具体操作方法。

扫码看教学视频

STEP 01 打开手机中的应用商店，如图 1-1 所示。

STEP 02 点击搜索栏，①在搜索文本框中输入“剪映”；②点击“搜索”按钮，即可搜索到剪映 App；③点击剪映 App 右侧的“安装”按钮，如图 1-2 所示。

STEP 03 执行操作后，即可开始下载并自动安装剪映 App，安装完成后，在手机桌面上会显示剪映 App 的应用程序图标，如图 1-3 所示。

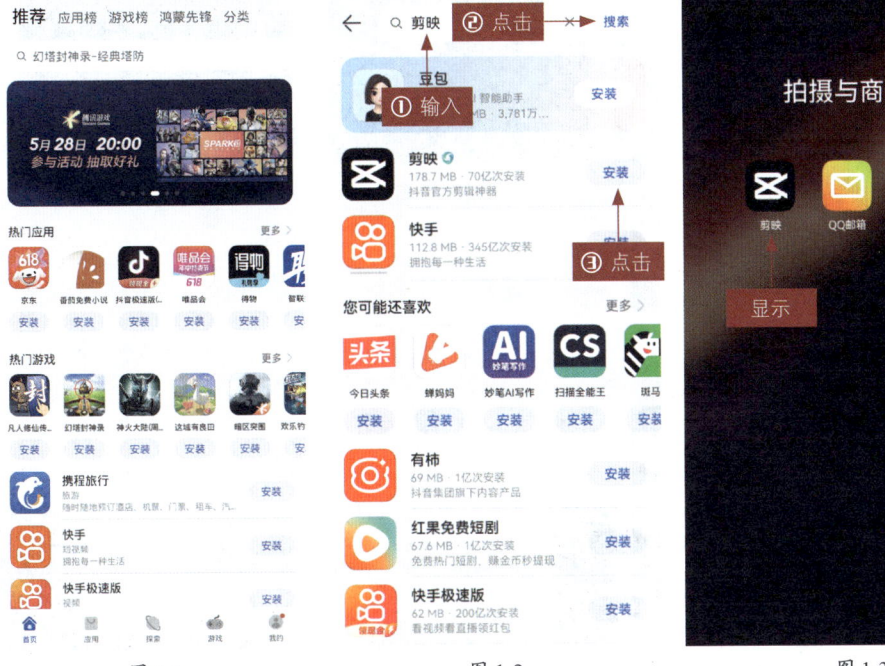

图 1-1

图 1-2

图 1-3

1.2 认识界面，了解功能——《城市风光》

扫码看教学视频　扫码看案例效果

STEP 01 在手机屏幕上点击“剪映”图标，打开剪映 App，如图 1-4 所示。进入“剪映”主界面，点击“开始创作”按钮，如图 1-5 所示。

STEP 02 ①在“视频”选项区选择相应的视频素材；②点击“添加”按钮，如图 1-6 所示，即可成功导入相应的视频素材。

STEP 03 进入编辑界面，其界面组成如图 1-7 所示。

STEP 04 预览区域左下角的时间表示当前时长和视频的总时长，点击预览区域的全屏按钮，可全屏预览视频效果；点击按钮，即可播放视频；点击按钮，即可回到编辑界面，如图 1-8 所示。

图 1-4　　　　　　　图 1-5　　　　　　　图 1-6

图 1-7　　　　　　　图 1-8

1.3　复制和替换素材——《添加片尾》

在剪映 App 中可以复制素材，也可以替换素材。下面介绍替换剪映 App "素材库"选项卡中自带的片尾素材，效果如图 1-9 所示。

扫码看教学视频　　扫码看案例效果

图 1-9

下面介绍在剪映 App 中复制和替换素材的具体操作方法。

STEP 01 在剪映 App 中导入素材，❶选择视频素材；❷点击"复制"按钮，如图 1-10 所示，即可复制所选素材。

STEP 02 选择复制素材，点击"替换"按钮，如图 1-11 所示。

STEP 03 进入相应界面，❶切换至"素材库"选项卡；❷选择"片尾"选项；❸选择一段片尾素材，如图 1-12 所示。

STEP 04 进入预览界面，预览画面效果之后，点击"确认"按钮，如图 1-13 所示，确认替换视频。

STEP 05 返回编辑界面，点击"导出"按钮，如图 1-14 所示，即可导出视频。

 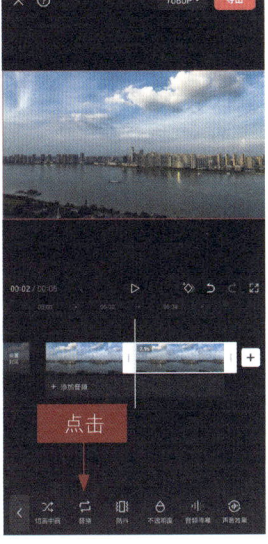

图 1-10　　　　　图 1-11

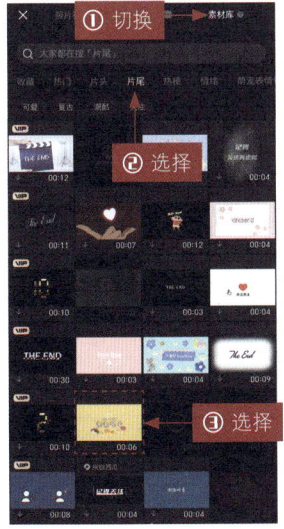  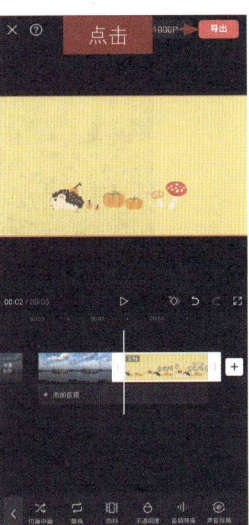

图 1-12　　　图 1-13　　　图 1-14

1.4 使用倒放功能——《倒转时间》

使用"倒放"功能可以倒转视频的播放顺序，比如让白天转夜晚的视频，倒放成夜晚转白天，实现倒转时间的效果，如图1-15所示。

图 1-15

下面介绍在剪映App中使用倒放功能的具体操作方法。

STEP 01 在剪映App中导入素材，❶选择视频素材；❷点击"倒放"按钮，如图1-16所示。

STEP 02 倒放视频之后，为视频添加合适的背景音乐，如图1-17所示。

图 1-16　　　　　　　图 1-17

1.5 定格视频画面——《留住最美的瞬间》

通过"定格"功能定格视频画面，后期再添加"拍照声"音效和边框特效，就能制作出拍照定格的画面效果，如图1-18所示。

图 1-18

下面介绍在剪映 App 中定格视频画面的具体操作方法。

STEP 01 在剪映 App 中导入素材，❶选择素材；❷点击"音频分离"按钮，如图 1-19 所示，把音乐轨道提取出来。

STEP 02 选择视频素材，在视频 3 秒左右的位置点击"定格"按钮，如图 1-20 所示，定格画面。

图 1-19　　　　　图 1-20

STEP 03 ❶选择最后一段素材；❷点击"删除"按钮，如图 1-21 所示，删除视频。

STEP 04 在素材 3 秒位置点击"特效"按钮，如图 1-22 所示，点击"画面特效"按钮。

图 1-21　　　　　图 1-22

STEP 05 在"边框"选项卡中选择"春日边框"特效,如图1-23所示。

STEP 06 在2秒左右的位置点击"音频"按钮,如图1-24所示。

图1-23　　图1-24

STEP 07 在弹出的面板中点击"音效"按钮,如图1-25所示。

STEP 08 ❶搜索音效;❷点击所选音效右侧的"使用"按钮,如图1-26所示。

图1-25　　图1-26

1.6　设置常规变速——《慢倍速播放》

"常规变速"功能一般有加速和减速的效果,如果视频画面变动太快了,可以进行减速,设置慢倍速播放,效果如图1-27所示。

扫码看教学视频　　扫码看案例效果

图 1-27

下面介绍在剪映 App 中设置常规变速的具体操作方法。

STEP 01 在剪映 App 中导入素材，①选择素材；②点击"变速"按钮，如图 1-28 所示。

STEP 02 在弹出的面板中点击"常规变速"按钮，如图 1-29 所示。

图 1-28　　　　图 1-29

STEP 03 在"变速"面板中设置参数为 0.6x，如图 1-30 所示，实现慢倍速播放。

STEP 04 为视频添加合适的背景音乐，如图 1-31 所示。

图 1-30　　　　图 1-31

1.7 制作曲线变速——《制作变速转场》

曲线变速比常规变速更加灵活,因为使用曲线变速可以自定义变速效果,而不是局限于某个数字,还能制作变速转场,效果如图1-32所示。

扫码看教学视频

扫码看案例效果

图1-32

下面介绍在剪映App中制作曲线变速的具体操作方法。

STEP 01 在剪映App中导入两段素材,❶选择第1段素材;❷点击"变速"按钮,如图1-33所示。

STEP 02 在弹出的面板中点击"曲线变速"按钮,如图1-34所示。

STEP 03 选择"自定"选项,并点击"点击编辑"按钮,如图1-35所示。

图1-33　　　　　　　图1-34　　　　　　　图1-35

STEP 04 在"自定"面板中拖曳第3个变速点至"速度:5.8x",如图1-36所示。

STEP 05 拖曳第4个变速点和第5个变速点至"速度:10.0x",如图1-37所示。

STEP 06 设置变速之后,❶选择第2段视频素材;❷选择"自定"选项,并点击"点击编辑"按钮,如图1-38所示。

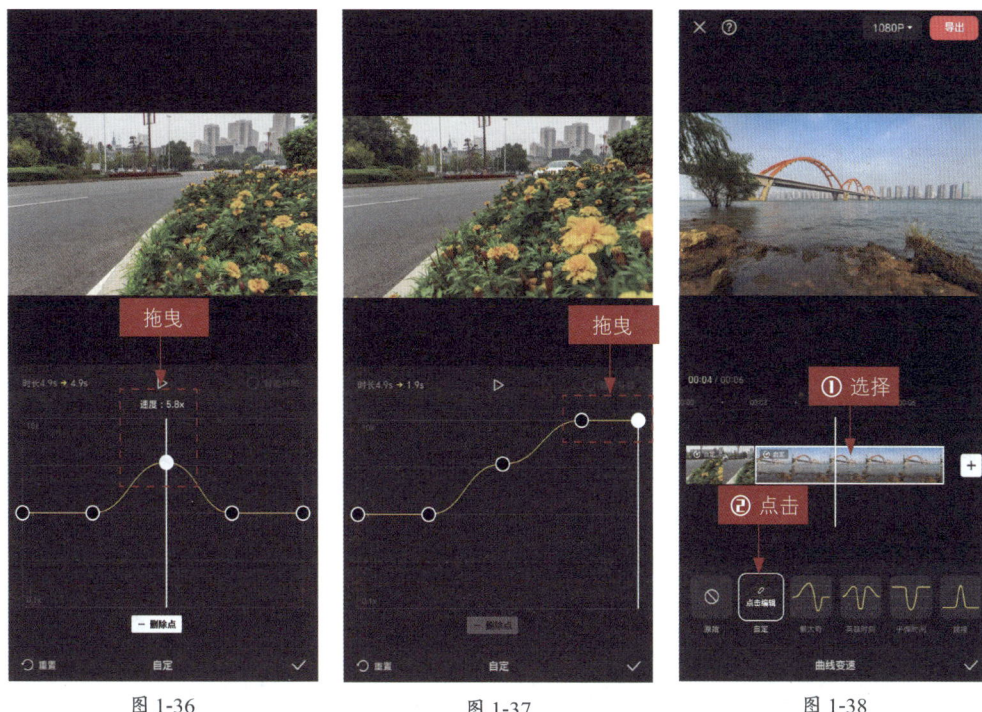

图 1-36　　　　　　　图 1-37　　　　　　　图 1-38

STEP 07　在"自定"面板中拖曳第 1 个变速点和第 2 个变速点至"速度：10.0x"，拖曳第 3 个变速点至"速度：5.5x"，如图 1-39 所示。

STEP 08　继续拖曳第 4 个变速点和第 5 个变速点至"速度：0.5x"，如图 1-40 所示。

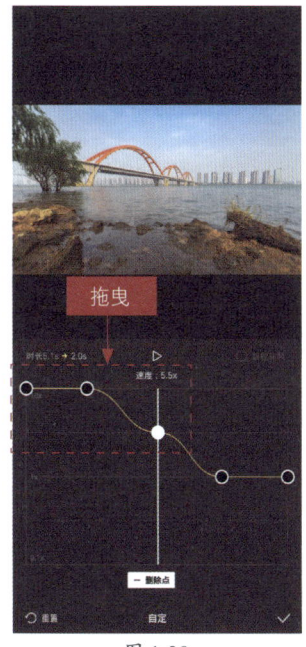 

图 1-39　　　　　　　图 1-40

STEP 09 为视频添加合适的背景音乐,如图 1-41 所示。
STEP 10 在 2 秒左右的位置点击"音效"按钮,如图 1-42 所示。
STEP 11 ❶搜索"嗖嗖"音效;❷点击音效右侧的"使用"按钮,如图 1-43 所示。

图 1-41

图 1-42

图 1-43

1.8 制作蒙版分身——《自己拍自己》

对于在同一场景下拍摄的不同位置的视频,可以运用"蒙版"功能将视频合成在一起,实现分身的效果,也就是自己给自己拍照,效果如图 1-44 所示。

扫码看教学视频　　扫码看案例效果

图 1-44

下面介绍在剪映 App 中制作蒙版分身视频的具体操作方法。

STEP 01 在剪映 App 中导入两段素材，❶选择第 1 段素材；❷点击"切画中画"按钮，如图 1-45 所示。
STEP 02 把素材切换至画中画轨道中之后，点击"蒙版"按钮，如图 1-46 所示。
STEP 03 ❶选择"线性"蒙版；❷拖曳操作杆调整蒙版的角度、位置和羽化，如图 1-47 所示。

图 1-45

图 1-46

图 1-47

图 1-48

图 1-49

STEP 04 在视频素材的起始位置点击"特效"按钮，如图 1-48 所示，再点击"画面特效"按钮。
STEP 05 在"金粉"选项卡中选择"金粉"特效，如图 1-49 所示。

STEP 06 ①调整特效的时长；②点击"作用对象"按钮，如图 1-50 所示。
STEP 07 在"作用对象"面板中点击"全局"按钮，如图 1-51 所示。
STEP 08 为视频添加合适的背景音乐，如图 1-52 所示。

图 1-50

图 1-51

图 1-52

第 2 章

智能剪辑进阶：掌握 AI 剪辑功能

◎ **本章要点**

掌握智能剪辑进阶的 AI 剪辑功能，不仅能够提升视频制作的专业性和艺术性，还能够激发创作者的创新思维，拓展视频内容的表现形式。本章的重点在于提升视频编辑的效率、质量和创新性，内容主要包括智能裁剪、智能包装、智能补帧等。

◎ **效果欣赏**

2.1　AI 玩法功能——《变身漫画人物》

使用剪映 App 中的"抖音玩法"功能能够让视频画面更加有趣，还能把现实中的人像变成漫画人物，变换人物形象，效果如图 2-1 所示。

扫码看教学视频

扫码看案例效果

图 2-1

下面介绍在剪映 App 中使用 AI 玩法功能的具体操作方法。

STEP 01　在剪映 App 中导入素材，❶选择素材；❷点击"复制"按钮，如图 2-2 所示，复制素材。

STEP 02　❶选择第 2 段复制后的素材；❷点击"抖音玩法"按钮，如图 2-3 所示。

　　图 2-2　　　　　　　　图 2-3

STEP 03 在"人像风格"面板中选择"港漫"选项,如图 2-4 所示,进行变身。

STEP 04 在两段视频起始位置依次点击"特效"按钮和"画面特效"按钮,为两段视频分别添加"变清晰"基础特效与"梦蝶"氛围特效,如图 2-5 所示。

图 2-4　　　　图 2-5

STEP 05 添加合适的背景音乐,如图 2-6 所示。

图 2-6

2.2　智能转换视频比例——《惬意时刻》

使用"智能裁剪"功能可以转换视频的比例,实现横竖屏转换,自动追踪主体,使人物主体在最佳位置。在剪映中可以将横版的视频转换为竖版的视频,还能裁去多余的画面,这样视频更适合在手机中播放和观看,原图与效果对比如图 2-7 所示。

扫码看教学视频　扫码看案例效果

图 2-7

下面介绍在剪映 App 中智能转换视频比例的具体操作方法。

STEP 01 打开剪映 App，进入"剪辑"界面，点击"开始创作"按钮，如图 2-8 所示。

STEP 02 ❶在"照片视频"选项卡中选择视频素材；❷选中"高清"复选框；❸点击"添加"按钮，如图 2-9 所示，添加视频。

STEP 03 ❶在编辑界面中选择视频素材；❷点击"智能裁剪"按钮，如图 2-10 所示，该操作可以智能转换视频的比例。

图 2-8　　　　　图 2-9　　　　　图 2-10

STEP 04 弹出相应的面板，选择 9:16 选项，把横屏转换为竖屏，如图 2-11 所示。

STEP 05 ①设置"镜头位移速度"为"更慢"；②点击 ✓ 按钮，如图 2-12 所示，确认操作，回到一级工具栏。

STEP 06 在编辑界面点击"比例"按钮，如图 2-13 所示。

图 2-11

图 2-12

图 2-13

图 2-14

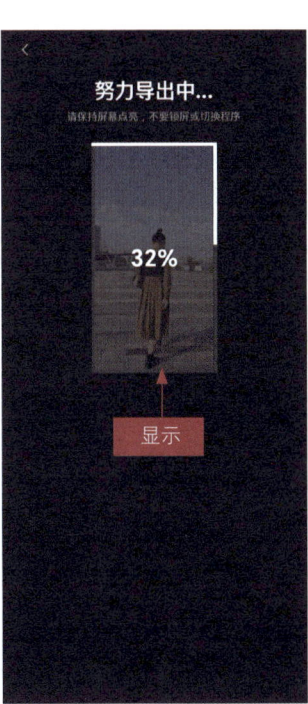

图 2-15

STEP 07 弹出相应的面板，①选择 9:16 选项，去除画面左右两侧的黑边；②点击右上角的"导出"按钮，如图 2-14 所示。

STEP 08 进入相应的界面，显示导出进度，如图 2-15 所示。

2.3 智能修复视频——《卖萌女孩》

效果展示

如果视频画面不够清晰,可以使用剪映中的超清画质功能修复视频,让视频画面变得更加清晰一些,原图与效果图对比如图2-16所示。

扫码看教学视频

扫码看案例效果

图 2-16

下面介绍在剪映App中智能修复视频的具体操作方法。

STEP 01 在剪映App中导入素材,进入"剪辑"界面,点击"展开"按钮,展开功能面板,在功能面板中点击"超清画质"按钮,如图2-17所示。

STEP 02 进入"照片视频"界面,在其中选择需要的素材,如图2-18所示。确认操作,回到一级工具栏。

图 2-17　　　　　　图 2-18

STEP 03 进入相应的界面,弹出超清画质进度处理提示,如图 2-19 所示。
STEP 04 稍等片刻,即可让视频画面变清晰一些,点击"导出"按钮,如图 2-20 所示,导出处理好的视频。

图 2-19

图 2-20

2.4 智能包装功能——《航拍时刻》

效果展示

使用剪映中的"智能包装"功能,可以一键为视频添加文字效果,对视频进行包装,效果如图 2-21 所示。

扫码看教学视频

扫码看案例效果

图 2-21

下面介绍在剪映 App 中使用"智能包装"功能的操作方法。
STEP 01 在剪映 App 中导入素材,点击"文本"按钮,如图 2-22 所示。
STEP 02 弹出二级工具栏,点击"智能包装"按钮,如图 2-23 所示。

图 2-22

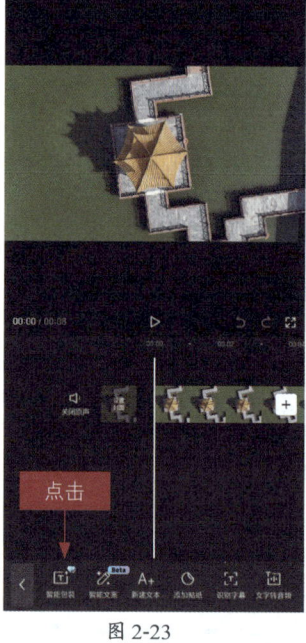
图 2-23

STEP 03 弹出生成进度提示，如图 2-24 所示。

STEP 04 稍等片刻，即可生成智能文字模板，调整文字的时长与位置，如图 2-25 所示。

图 2-24

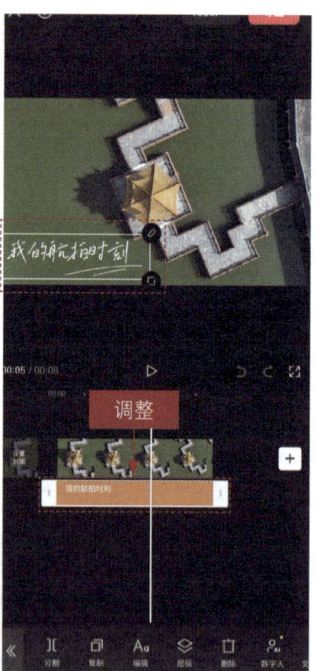
图 2-25

2.5 智能补帧功能——《湖边游玩》

在一些具有氛围感的视频中，会使用慢动作效果。在制作慢速效果的时候，可以使用"智能补帧"功能，让慢速画面更加流畅，效果如图 2-26 所示。

扫码看教学视频　扫码看案例效果

图 2-26

下面介绍在剪映 App 中使用"智能补帧"功能的操作方法。

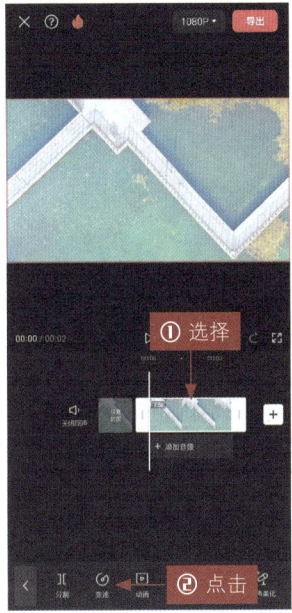 

STEP 01 在剪映 App 中导入素材，❶选择视频素材；❷点击"变速"按钮，如图 2-27 所示。

STEP 02 在弹出的工具栏中点击"常规变速"按钮，如图 2-28 所示。

图 2-27　　　图 2-28

STEP 03 进入"变速"面板，❶拖曳红色滑块至 0.7x；❷选中"智能补帧"复选框；❸点击 ✓ 按钮，如图 2-29 所示。

STEP 04 稍等片刻，弹出"生成顺滑慢动作成功"提示，即可制作慢动作视频，如图 2-30 所示。

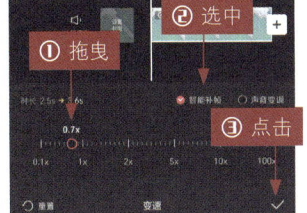

图 2-29　　　图 2-30

STEP 05 在一级工具栏中点击"音频"按钮,如图2-31所示。

STEP 06 在弹出的二级工具栏中点击"音乐"按钮,如图2-32所示。

图2-31

图2-32

STEP 07 进入"音乐"界面,❶切换至"收藏"选项卡;❷点击所选音乐右侧的"使用"按钮,如图2-33所示。

STEP 08 添加音乐后,❶在视频的末尾位置选择音频素材;❷点击"分割"按钮,分割音频;❸点击"删除"按钮,如图2-34所示,删除多余的音频素材。

图2-33

图2-34

第 3 章

声音的艺术：音频编辑与 AI 修饰

◎ **本章要点**

音频是影视作品中必不可少的一部分，旋律激昂的音乐能振奋人心，流连婉转的音乐能打动人心，还有各种场景适配性极高的纯音乐和音效，都是视频内容的重要组成部分。在剪映 App 中如何添加音频、剪辑音频、提取音乐、添加音效以及如何使用文本朗读、人声美化、改变音色、声音成曲这 4 种 AI 功能，本章将为大家一一讲解。

◎ **效果欣赏**

3.1 导入音频素材——《假日海边》

剪映 App 的音乐曲库中有丰富的音乐资源，为视频添加合适的音乐，能让视频画面更加动感，效果如图 3-1 所示。

扫码看教学视频

扫码看案例效果

图 3-1

下面介绍在剪映 App 中导入音频素材的具体操作方法。

STEP 01 在剪映 App 中导入素材，点击"音频"按钮，如图 3-2 所示。

STEP 02 在弹出的二级工具栏中点击"音乐"按钮，如图 3-3 所示。

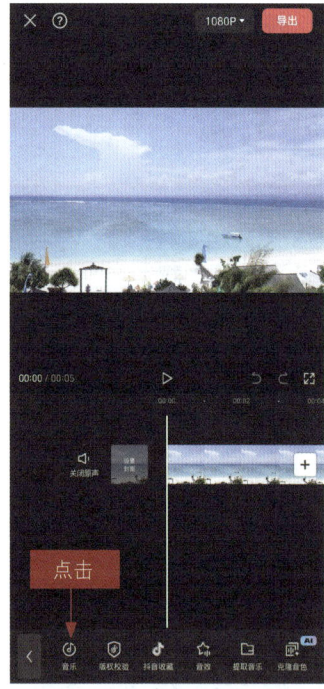

图 3-2　　　　　　　　图 3-3

STEP 03 进入"音乐"界面，选择"抖音"选项，如图 3-4 所示。

STEP 04 点击所选音乐右侧的"使用"按钮，如图 3-5 所示。

STEP 05 视频下方生成一条音频轨道，即可成功导入音频，如图 3-6 所示。

图 3-4

图 3-5

图 3-6

3.2 剪辑音乐素材——《金色落日》

一般添加的音频时长都比较长，如果不剪辑音频时长，就会出现有声音无画面的黑屏效果，因此剪辑音频很重要，效果如图 3-7 所示。

扫码看教学视频　扫码看案例效果

图 3-7

下面介绍在剪映 App 中剪辑音乐素材的具体操作方法。

STEP 01 在剪映 App 中导入素材，点击"音频"按钮，如图 3-8 所示。

STEP 02 在弹出的二级工具栏中点击"音乐"按钮，如图 3-9 所示。

STEP 03 ①在"音乐"界面中输入关键词，搜索音乐；②点击所选音乐右侧的"使用"按钮，如图 3-10 所示。

STEP 04 添加音乐之后，①选择音频素材，②拖曳音频左侧的白框，即可调整音频的时长，如图 3-11 所示。

图 3-8

图 3-9

图 3-10

图 3-11

STEP 05 调整音频的位置，使其起始位置对齐视频的起始位置，如图 3-12 所示。
STEP 06 ❶选择音频素材；❷在视频末尾位置点击"分割"按钮，如图 3-13 所示。
STEP 07 分割音频之后，点击"删除"按钮，如图 3-14 所示，删除多余的音频。

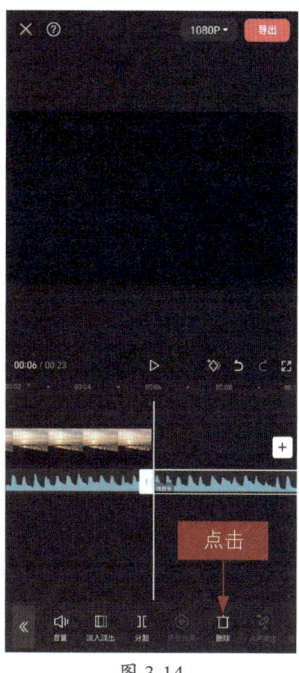

图 3-12　　　　　图 3-13　　　　　图 3-14

3.3　提取音乐素材——《绚烂星空》

效果展示　在剪映中运用"提取音乐"功能可以提取其他视频中的音乐，免去搜索音乐的操作，而且方法也很简单，本案例的画面效果如图 3-15 所示。

扫码看教学视频　　扫码看案例效果

图 3-15

下面介绍在剪映 App 中提取音乐素材的具体操作方法。

STEP 01　在剪映 App 中导入素材，点击"音频"按钮，如图 3-16 所示。
STEP 02　在弹出的二级工具栏中点击"提取音乐"按钮，如图 3-17 所示。

图 3-16 　　　　　　　图 3-17

STEP 03 ❶在"照片视频"界面中选择视频素材；❷点击"仅导入视频的声音"按钮，如图3-18所示。

STEP 04 添加音乐之后，❶选择音频素材；❷拖曳音频右侧的白框，调整音频的时长，使其对齐视频的时长，如图3-19所示。

图 3-18 　　　　　　　图 3-19

3.4 添加音效素材——《涛声依旧》

效果展示　剪映中有很多音效，如转场音效、综艺音效和动物音效等，为视频添加海浪音效，可聆听大海的声音，本案例的画面效果如图3-20所示。

扫码看教学视频　扫码看案例效果

图 3-20

下面介绍在剪映 App 中添加音效素材的具体操作方法。

STEP 01 在剪映 App 中导入素材，点击"音频"按钮，如图 3-21 所示。

STEP 02 在二级工具栏中点击"音效"按钮，如图 3-22 所示。

图 3-21 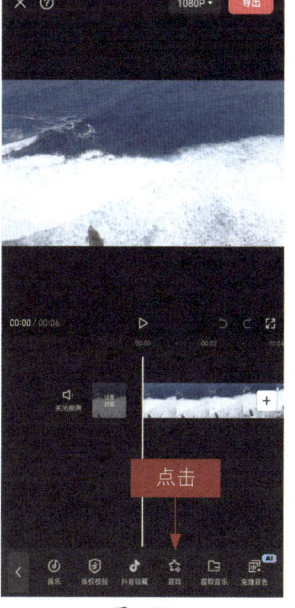　　图 3-22

STEP 03 ❶在弹出的面板中切换至"环境音"选项卡；❷点击"海浪"音效右侧的"使用"按钮，如图 3-23 所示。

STEP 04 添加音效之后，❶选择音效素材；❷在视频末尾位置点击"分割"按钮，分割音效；❸点击"删除"按钮，如图 3-24 所示，删除多余的音效。

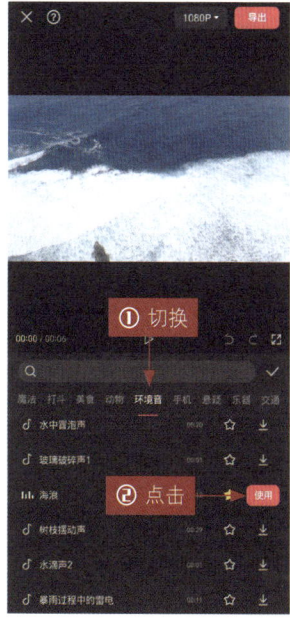

图 3-23 　　图 3-24

3.5 AI 文本朗读——《旅游风光》

效果展示 在一些风光类素材中，用户可以通过"文本朗读"功能制作心灵鸡汤配音效果，用美景和"美声"打动观众，本案例的画面效果如图 3-25 所示。

扫码看教学视频　扫码看案例效果

图 3-25

下面介绍在剪映 App 中使用"文本朗读"功能的具体操作方法。

STEP 01 在剪映 App 中导入视频，点击"文字"按钮，如图 3-26 所示。

STEP 02 在弹出的二级工具栏中点击"新建文本"按钮，如图 3-27 所示。

STEP 03 ❶输入文案内容；❷点击 ✓ 按钮，如图 3-28 所示。

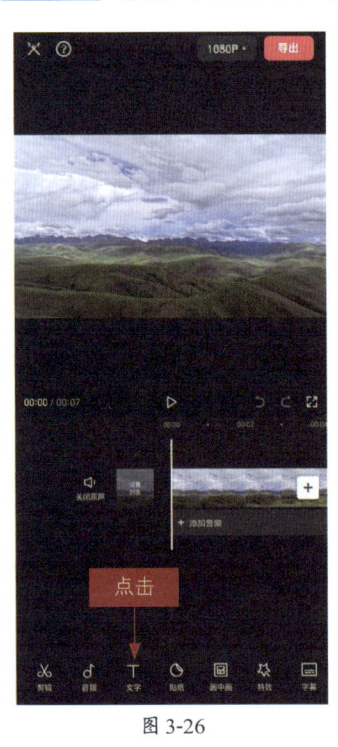

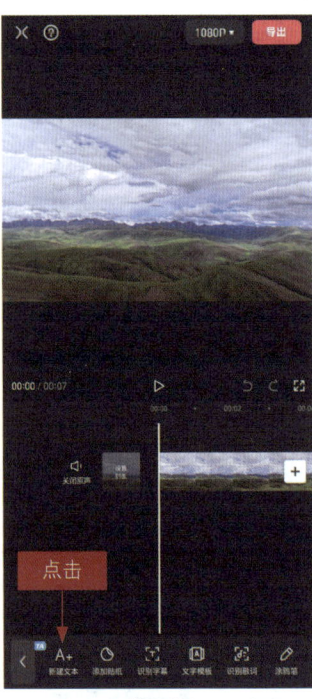

图 3-26　　　　图 3-27　　　　图 3-28

STEP 04 生成字幕素材，为了把文案制作成音频，点击"文本朗读"按钮，如图 3-29 所示。

STEP 05 弹出"音色选择"面板，❶切换至"女声音色"选项卡；❷选择"心灵鸡汤"选项；❸点击 ✓ 按钮，如图 3-30 所示，确认操作。

STEP 06 生成配音音频之后，点击"删除"按钮，如图 3-31 所示，删除字幕，留下音频。

图 3-29 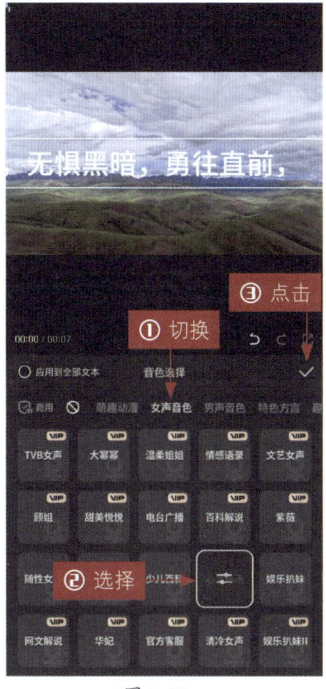　　　　　　　图 3-30 　　　　　　　图 3-31

3.6　AI 人声美化——《沙漠景色》

效果展示：在剪映中，可以对视频中的人声进行美化处理，使得声音变得更加动听，本案例的画面效果如图 3-32 所示。

扫码看教学视频　　扫码看案例效果

图 3-32

下面介绍在剪映 App 中使用"人声美化"功能的具体操作方法。

STEP 01　在剪映 App 中导入视频，①选择视频素材；②点击"人声美化"按钮，如图 3-33 所示。

STEP 02　进入"人声美化"面板，①开启"人声美化"功能；②点击 ✓ 按钮，让人声变得动听，如图 3-34 所示。

图 3-33 　　　　　　　　　图 3-34

3.7　智能改变音色——《墨镜女孩》

如果用户对于自己的原声音色不是很满意，或者想改变音频的音色，就可以使用 AI 改变音频的音色，实现"魔法变声"。本案例是将男生的声音变成女生的声音，案例的画面效果如图 3-35 所示。

图 3-35

下面介绍在剪映 App 中智能改变音色的具体操作方法。

STEP 01 在剪映 App 中导入视频，❶选择视频素材；❷点击"声音效果"按钮，如图 3-36 所示。

STEP 02 ❶在"音色"选项卡中选择"顾姐"选项；❷点击 ✓ 按钮，如图 3-37 所示，把男生音色变成女生音色。

图 3-36 　　　　　　　　　图 3-37

3.8　智能声音成曲——《江边漫步》

效果展示　在剪映中，可以使用"声音成曲"功能将一段简单的音频对白制作成偏说唱风格的歌曲，本案例的画面效果如图 3-38 所示。

扫码看教学视频　　扫码看案例效果

图 3-38

下面介绍在剪映 App 中使用"声音成曲"功能的具体操作方法。

STEP 01　在剪映 App 中导入视频，❶点击"关闭原声"按钮，设置视频为静音状态；❷在一级工具栏中点击"文字"按钮，如图 3-39 所示。

STEP 02　在弹出的二级工具栏中点击"新建文本"按钮，如图 3-40 所示。

STEP 03　❶输入相应的文字内容；❷点击✓按钮，如图 3-41 所示。

图 3-39　　　　　　　　　图 3-40　　　　　　　　　图 3-41

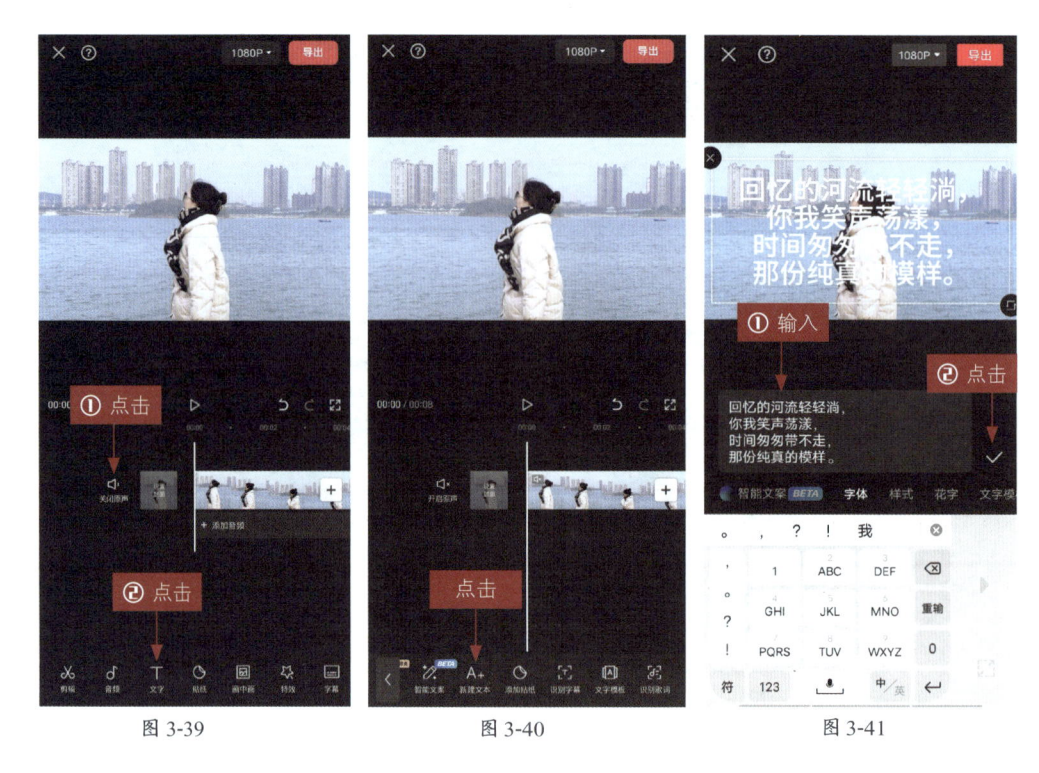

STEP 04 生成歌词字幕素材，点击"文本朗读"按钮，如图 3-42 所示。
STEP 05 ①在"女声音色"选项卡中选择"甜美解说"选项；②点击 ✓ 按钮，如图 3-43 所示。
STEP 06 生成配音音频之后，点击"删除"按钮，删除字幕，如图 3-44 所示。

图 3-42　　　　　　　　　图 3-43　　　　　　　　　图 3-44

STEP 07 为了制作声音成曲,点击"音频"按钮之后选择音频素材,再点击"声音效果"按钮,如图 3-45 所示。

STEP 08 ❶切换至"声音成曲"选项卡;❷选择"嘻哈"选项;❸点击 ✓ 按钮,如图 3-46 所示。

STEP 09 选择素材并拖曳右侧的白框,使其时长为 5.5s,如图 3-47 所示,即可完成声音成曲操作。

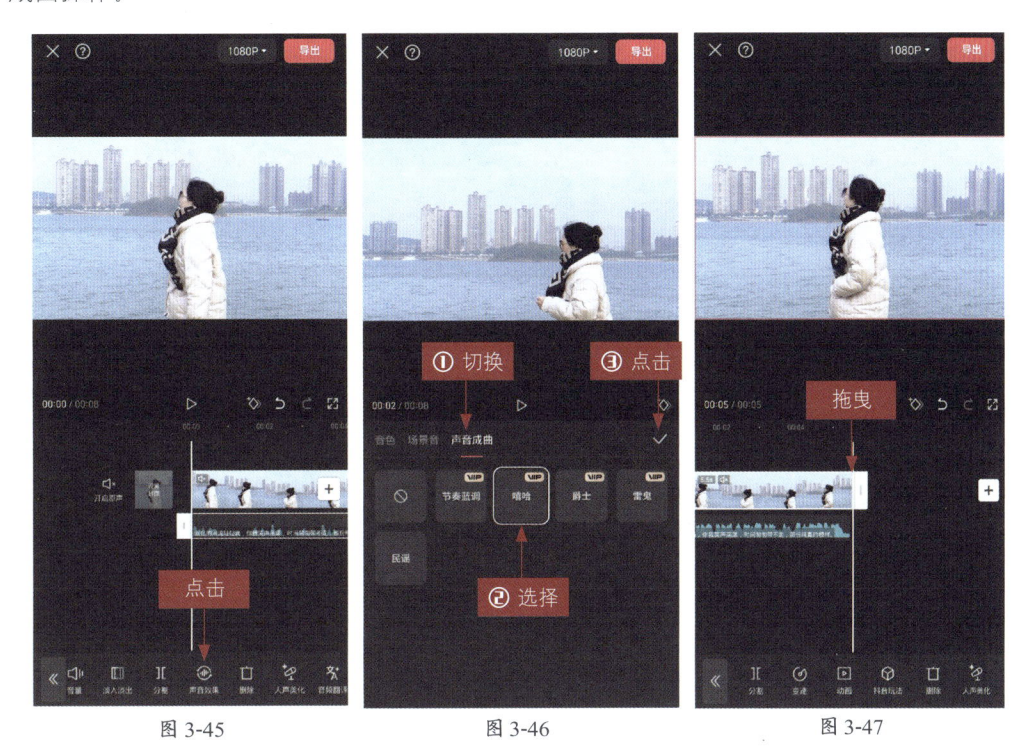

图 3-45　　　　　　　　图 3-46　　　　　　　　图 3-47

第4章

文字的力量：效果制作与 AI 辅助

◎ 本章要点

文字在视频中起着帮助观众理解视频内容的作用，剪映 App 中不仅有丰富的字体样式，还有多种文字模板，更有各种 AI 文字功能，让你在制作字幕时更加省心和方便。本章主要讲解在剪映 App 中添加文字贴纸、制作文字效果，以及使用 AI 识别字幕、识别歌词、写文案等内容，用文字来丰富视频画面，提高视频的观赏性。

◎ 效果欣赏

4.1 添加文字素材——《缆车之旅》

效果展示

根据视频画面展示的内容即可为视频添加文字,还可以为文字设置字体、添加动画,让文字更加生动,效果如图4-1所示。

扫码看教学视频　扫码看案例效果

图 4-1

下面介绍在剪映 App 中添加文字素材的具体操作方法。

STEP 01 在剪映 App 中导入素材,点击"文字"按钮,如图4-2所示。
STEP 02 在弹出的二级工具栏中点击"新建文本"按钮,如图4-3所示。
STEP 03 ❶输入文字内容;❷选择合适的字体,如图4-4所示。

图 4-2　　图 4-3　　图 4-4

STEP 04 ❶切换至"样式"选项卡;❷在"文本"选项区中设置"字号"参数为20,如图4-5所示。

STEP 05 在"排列"选项区中设置"字间距"参数为2,如图4-6所示。
STEP 06 ❶切换至"花字"选项卡;❷选择一款花字样式,如图4-7所示。

图4-5 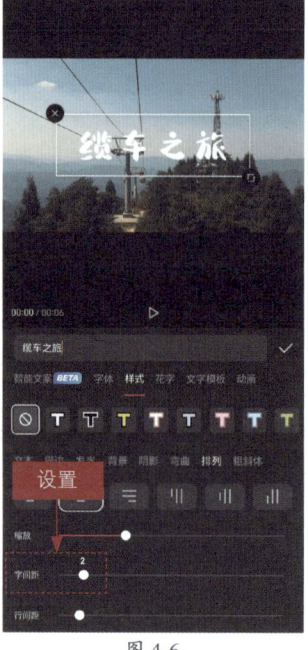　　　　　　　　图4-6 　　　　　　　　图4-7

STEP 07 ❶切换至"动画"选项卡;❷选择"缩小Ⅱ"入场动画;❸设置动画时长为1.0s,如图4-8所示。
STEP 08 ❶切换至"动画"|"出场"选项区;❷选择"渐隐"动画,如图4-9所示。
STEP 09 调整文字的时长,使其对齐视频的时长,如图4-10所示。

图4-8 　　　　　　　　图4-9 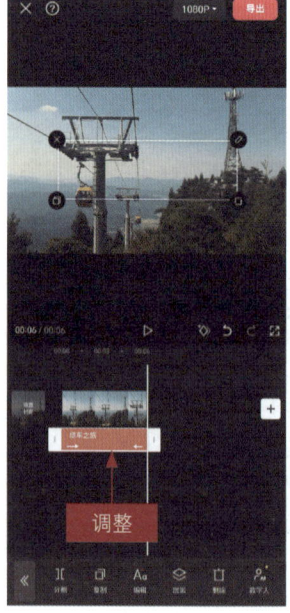　　　　　　　　图4-10

4.2 添加贴纸素材——《春天的宝藏》

剪映 App 中有很多类型的贴纸，如文字贴纸、边框贴纸，在花朵视频中还可以添加动态的蝴蝶贴纸，让画面更加生动，效果如图 4-11 所示。

图 4-11

下面介绍在剪映 App 中添加贴纸素材的具体操作方法。

STEP 01 在剪映 App 中导入素材，点击"文字"按钮，如图 4-12 所示。
STEP 02 在弹出的二级工具栏中点击"添加贴纸"按钮，如图 4-13 所示。
STEP 03 选择一款文字贴纸，如图 4-14 所示。

图 4-12　　　图 4-13　　　图 4-14

STEP 04 调整贴纸的大小和位置，如图 4-15 所示。
STEP 05 返回上一级工具栏，在视频起始位置点击"添加贴纸"按钮，如图 4-16 所示。
STEP 06 ❶切换至"边框"选项卡；❷选择合适的边框贴纸；❸调整贴纸的大小，如图 4-17 所示。

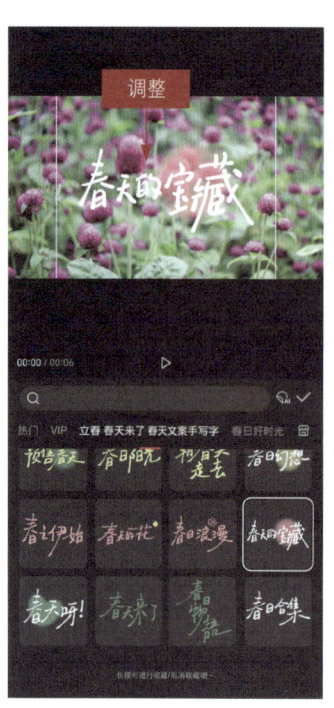

图 4-15  图 4-16  图 4-17

STEP 07 在文字贴纸的后面继续点击"添加贴纸"按钮，①搜索"蝴蝶"贴纸；②选择一款动态蝴蝶贴纸，如图 4-18 所示。

STEP 08 调整蝴蝶贴纸的时长、大小和位置，即可为视频添加贴纸素材，如图 4-19 所示。

图 4-18  图 4-19

4.3 添加文字模板——《城市记忆》

剪映 App 中除了有贴纸，还有文字模板可供选择，添加文字模板之后，还可以更改模板中的文字内容，效果如图 4-20 所示。

扫码看教学视频　扫码看案例效果

图 4-20

下面介绍在剪映 App 中添加文字模板的具体操作方法。

STEP 01 在剪映 App 中导入素材，点击"文字"按钮，如图 4-21 所示。

STEP 02 在弹出的工具栏中点击"文字模板"按钮，如图 4-22 所示。

图 4-21　　图 4-22

STEP 03 ❶切换至"片头标题"选项卡；❷选择一款文字模板，如图 4-23 所示。
STEP 04 更改文字内容，并调整文字的大小和位置，如图 4-24 所示。
STEP 05 调整文字的时长，使其对齐视频的时长，如图 4-25 所示。

图 4-23 　　　　　　　　图 4-24 　　　　　　　　图 4-25

4.4 制作文字消散——《往事随风》

效果展示　在剪映 App 中通过添加消散粒子素材，就能合成文字消散的效果，让文字随风消散，十分唯美，效果如图 4-26 所示。

扫码看教学视频　　扫码看案例效果

图 4-26

下面介绍在剪映 App 中制作文字消散效果的具体操作方法。

STEP 01 在剪映 App 中导入素材，点击"文字"按钮，❶点击"新建文本"按钮，并更改文字内容；❷选择字体；❸调整文字的大小和位置，如图 4-27 所示。

STEP 02 ❶调整文字的时长；❷点击"编辑"按钮，如图 4-28 所示。

STEP 03 ❶切换至"动画"选项卡；❷选择"发光模糊"入场动画；❸设置动画时长为 1.0s，如图 4-29 所示。

STEP 04 ❶切换至"出场"选项区；❷选择"溶解"动画；❸设置动画时长为 2.5s，如图 4-30 所示。

STEP 05 在出场动画的起始位置点击"画中画"按钮，如图 4-31 所示。

STEP 06 在弹出的二级工具栏中点击"新增画中画"按钮，如图 4-32 所示。

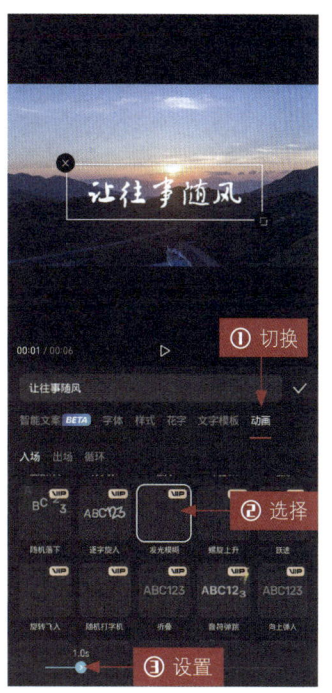

图 4-27　　　　　　　　　图 4-28　　　　　　　　　图 4-29

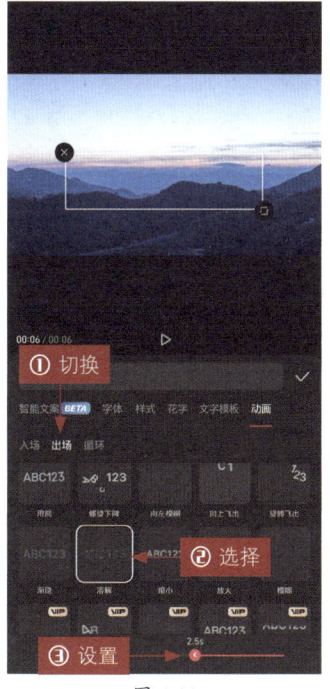

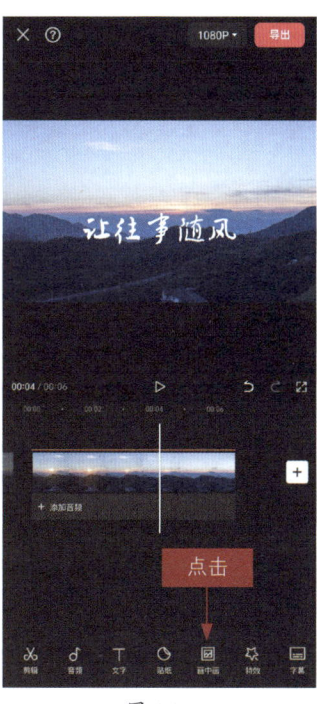

图 4-30　　　　　　　　　图 4-31　　　　　　　　　图 4-32

STEP 07　❶选择消散粒子视频；❷点击"添加"按钮，如图 4-33 所示。
STEP 08　添加素材之后，点击"混合模式"按钮，如图 4-34 所示。
STEP 09　❶选择"滤色"选项；❷调整素材的位置，完成文字消散效果制作，如图 4-35 所示。

图 4-33 　　　　　　　　　图 4-34 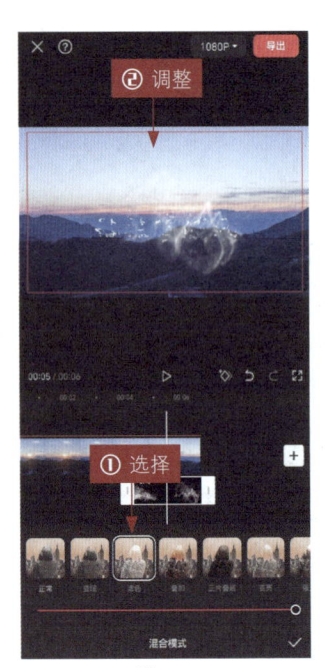　　　　　　　　　图 4-35

4.5　制作镂空文字——《不夜城》

效果展示　在剪映 App 中套用文字模板可以制作镂空文字，很多电影中的开场画面都会用到镂空文字效果，具有高级感，效果如图 4-36 所示。

扫码看教学视频　　扫码看案例效果

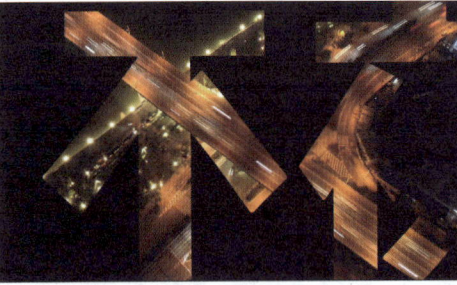

图 4-36

下面介绍在剪映 App 中制作镂空文字的具体操作方法。

STEP 01　在剪映 App 中导入素材，点击"文字"按钮，如图 4-37 所示。
STEP 02　在弹出的二级工具栏中点击"文字模板"按钮，如图 4-38 所示。
STEP 03　❶更改文字内容；❷切换至"片头标题"选项卡；❸选择镂空文字模板，如图 4-39 所示。
STEP 04　调整文字的时长和大小，完成镂空文字效果制作，如图 4-40 所示。

图 4-37

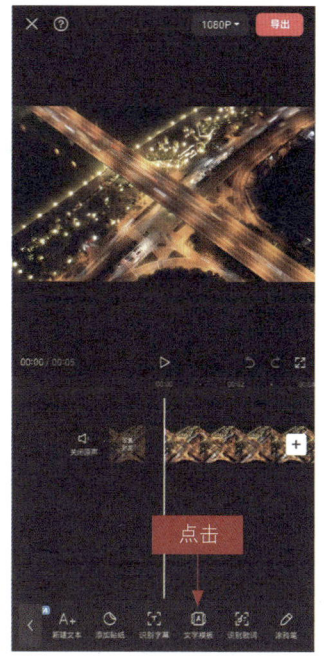

图 4-38

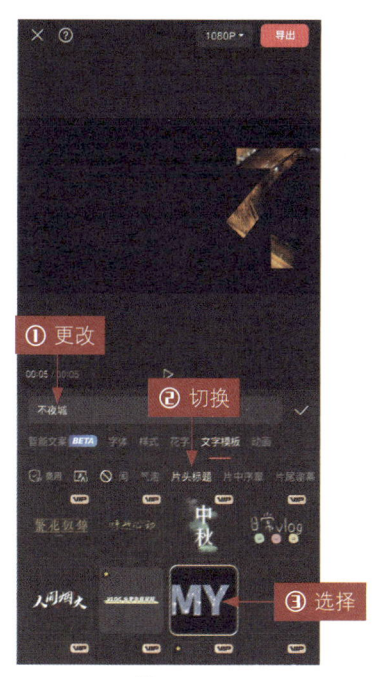

图 4-39

图 4-40

4.6 制作滚动字幕——《谢幕片尾》

效果展示 制作滚动字幕主要运用到的是"关键帧"功能，让字幕由下往上慢慢滚动显示，这个样式的字幕也经常被用在影视片尾中，效果如图 4-41 所示。

扫码看教学视频　扫码看案例效果

图 4-41

下面介绍在剪映 App 中制作滚动字幕的具体操作方法。
STEP 01 在剪映 App 中导入素材,点击"文字"按钮,如图 4-42 所示。
STEP 02 在弹出的二级工具栏中点击"新建文本"按钮,如图 4-43 所示。
STEP 03 ❶输入谢幕文字;❷在"字体"选项卡中选择合适的字体,如图 4-44 所示。

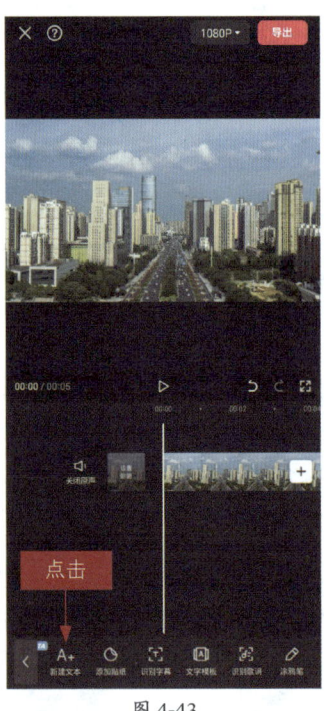

图 4-42　　　　图 4-43　　　　图 4-44

STEP 04 ❶切换至"样式"选项卡;❷设置"字号"参数为 20,如图 4-45 所示,缩小文字。
STEP 05 在"排列"选项区中设置"字间距"参数为 5、"行间距"参数为 5,如图 4-46 所示。
STEP 06 调整文字的时长,使其对齐视频的时长,如图 4-47 所示。

图 4-45 　　　　　　　　　图 4-46 　　　　　　　　　图 4-47

STEP 07 ❶在文字的起始位置点击◇按钮，添加关键帧；❷调整文字的位置，如图 4-48 所示。
STEP 08 ❶拖曳时间轴至视频末尾位置；❷调整文字的位置，如图 4-49 所示。
STEP 09 为视频添加合适的背景音乐，如图 4-50 所示。

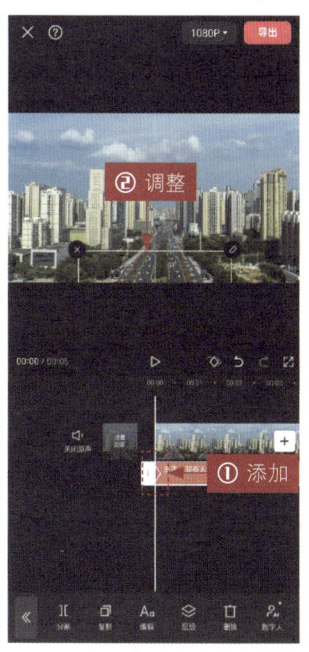

图 4-48 　　　　　　　　　图 4-49 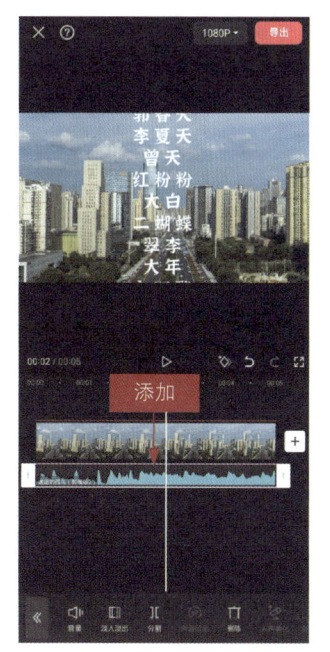　　　　　　　　　图 4-50

4.7 AI 识别字幕——《浏阳烟花》

效果展示 运用智能识别字幕功能识别出来的字幕，会自动生成在视频画面的下方，但是需要视频带有清晰的人声音频，否则识别不出来，方言和外语也可能识别不出来。目前，剪映支持智能识别双语字幕和智能画重点功能，双语字幕功能需要开通会员才能使用，用户可以根据需要进行设置，本节案例效果如图 4-51 所示。

图 4-51

下面介绍在剪映 App 中制作 AI 识别字幕的操作方法。

STEP 01 在剪映 App 中导入素材，点击"文字"按钮，如图 4-52 所示。
STEP 02 在弹出的二级工具栏中，点击"识别字幕"按钮，如图 4-53 所示。

图 4-52 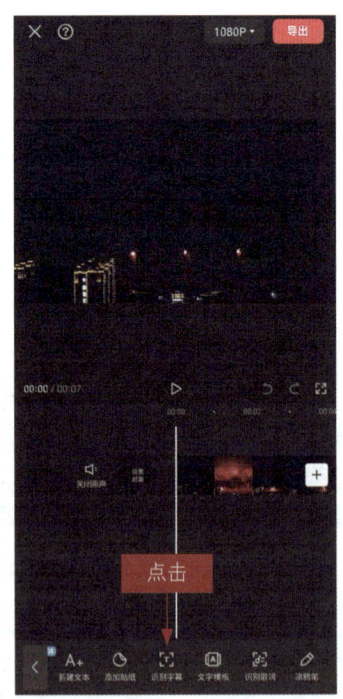　　　　图 4-53

STEP 03 弹出"识别字幕"面板，点击"开始匹配"按钮，如图 4-54 所示。
STEP 04 识别出字幕之后，点击"编辑字幕"按钮，如图 4-55 所示。

图 4-54　　　　　　　图 4-55

STEP 05 弹出相应的面板，❶选择第 2 段字幕，并给字幕加标点符号进行断句；❷点击 Aa 按钮，如图 4-56 所示。
STEP 06 ❶切换至"文字模板"中的"字幕"选项卡；❷选择一款文字模板，如图 4-57 所示。
STEP 07 同理，为第 1 段字幕也选择同样的文字模板样式，完成操作，如图 4-58 所示。

图 4-56　　　　　　　图 4-57　　　　　　　图 4-58

4.8 AI 识别歌词——《KTV 字幕》

效果展示 如果视频中有清晰的中文歌曲，可以使用"识别歌词"功能，快速识别歌词字幕，省去手动添加歌词字幕的操作，效果如图 4-59 所示。

扫码看教学视频　扫码看案例效果

图 4-59

下面介绍在剪映 App 中用 AI 识别歌词的操作方法。

STEP 01 在剪映 App 中导入素材，需要识别出歌词字幕，点击"文字"按钮，如图 4-60 所示。

STEP 02 在弹出的二级工具栏中，点击"识别字幕"按钮，如图 4-61 所示。

图 4-60 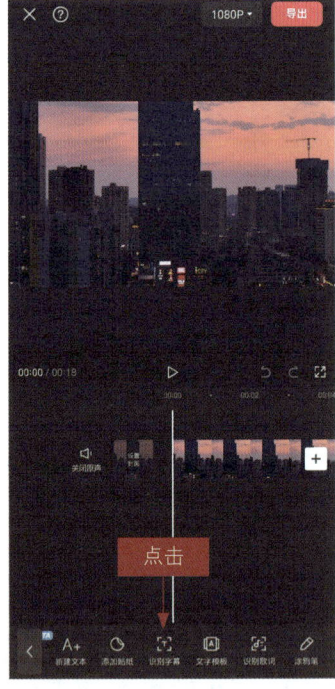　　图 4-61

STEP 03 弹出"识别字幕"面板，点击"开始匹配"按钮，如图 4-62 所示。

STEP 04 识别出歌词字幕之后，点击"批量编辑"按钮，如图 4-63 所示。

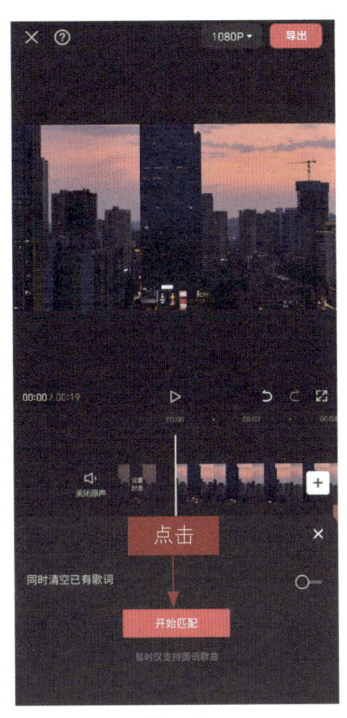

图 4-62    图 4-63

STEP 05 弹出相应的面板，❶选择第 3 段字幕，并修改错误的歌词；❷点击 Aa 按钮，如图 4-64 所示。

STEP 06 ❶切换至"字体"|"热门"选项卡；❷选择合适的字体，如图 4-65 所示。

STEP 07 为了制作 KTV 字幕效果，❶切换至"动画"选项卡；❷选择"卡拉 OK"入场动画；❸选择天蓝色色块，更改文字的颜色，完成操作，如图 4-66 所示。

图 4-64    图 4-65    图 4-66

4.9 AI 写文案——《晚霞风光》

本案例是使用剪映中的"智能文案"功能，让其撰写一段讲解晚霞拍摄技巧的短视频脚本文案，不过用 AI 生成的文案每次都会有些许差异，画面效果如图 4-67 所示。

图 4-67

下面介绍在剪映 App 中制作 AI 写文案的操作方法。

STEP 01　在剪映 App 中导入素材，在一级工具栏中点击"文字"按钮，如图 4-68 所示。

STEP 02　在弹出的二级工具栏中点击"智能文案"按钮，如图 4-69 所示。

STEP 03　弹出"智能文案"面板，①点击"写讲解文案"按钮；②输入"写一篇介绍拍摄晚霞的技巧文案，50 字"；③点击 → 按钮，如图 4-70 所示。

图 4-68 　　　　图 4-69 　　　　图 4-70

STEP 04　弹出进度提示，稍等片刻后生成文案内容，点击"确认"按钮，如图 4-71 所示。

STEP 05　弹出相应的面板，①选择"文本朗读"选项；②点击"添加至轨道"按钮，如

图 4-72 所示。

STEP 06 弹出"音色选择"面板，①选择"解说小帅"选项；②点击 ✓ 按钮，如图 4-73 所示。

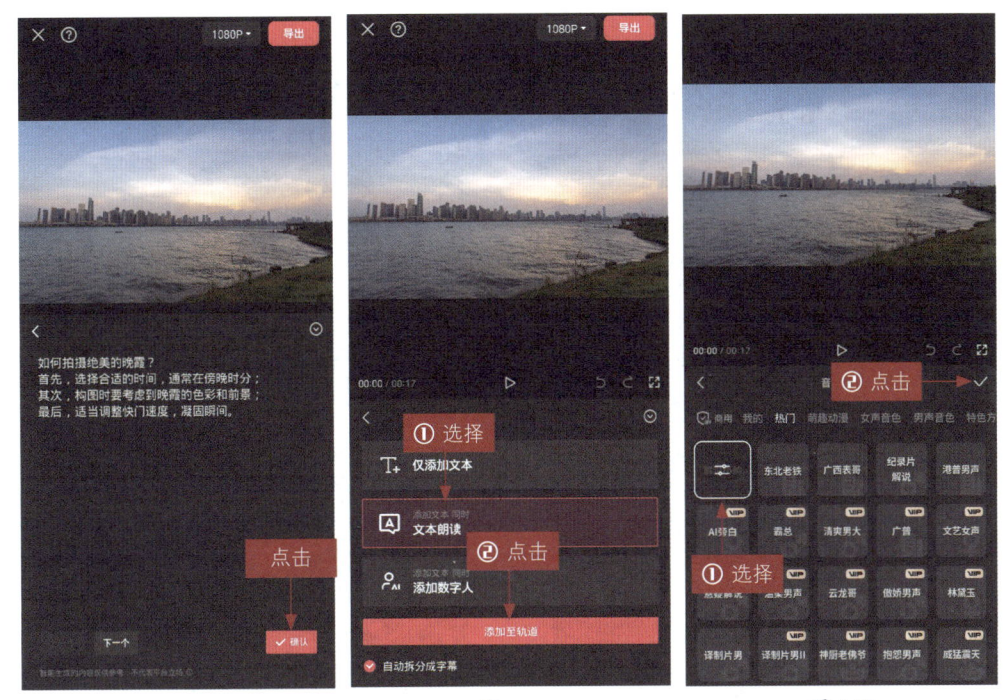

图 4-71　　图 4-72　　图 4-73

STEP 07 为了修改文案样式，点击"编辑字幕"按钮，如图 4-74 所示。
STEP 08 把文案中的多余分号去除，①选择一段文字；②点击 Aa 按钮，如图 4-75 所示。

图 4-74 　　图 4-75

STEP 09 ①切换至"字体"中的"热门"选项卡；②选择合适的字体，如图 4-76 所示。
STEP 10 ①切换至"样式"选项卡；②选择一个样式；③设置"字号"参数为 7，微微放大文字，完成操作，如 4-77 所示。

图 4-76

图 4-77

第 5 章

色彩魔法：调色技巧与 AI 赋能

◎ **本章要点**

在剪映 App 中为视频调色能让视频色彩更加靓丽，剪映中有几十款类型多样的滤镜效果可选，通过调色，甚至调出电影般的色调，能让视频画面更加吸睛。调色完成后，还可以为视频添加一些特效和贴纸，丰富视频画面，从而吸引观众的注意力。

◎ **效果欣赏**

5.1 调出古风色调——《古镇风情》

效果展示 古风色调很适合用在古建筑视频中，能让视频中画面的色彩变得十分大气，尤其是冷暖色的对比，非常强烈，原图与效果图对比如图 5-1 所示。

图 5-1

下面介绍在剪映 App 中调出古风色调的具体操作方法。

STEP 01 在剪映 App 中导入素材，❶选择视频；❷点击"滤镜"按钮，如图 5-2 所示。
STEP 02 ❶切换至"影视级"选项卡；❷选择"青橙"滤镜，如图 5-3 所示。
STEP 03 回到上一级工具栏，点击"调节"按钮，如图 5-4 所示。

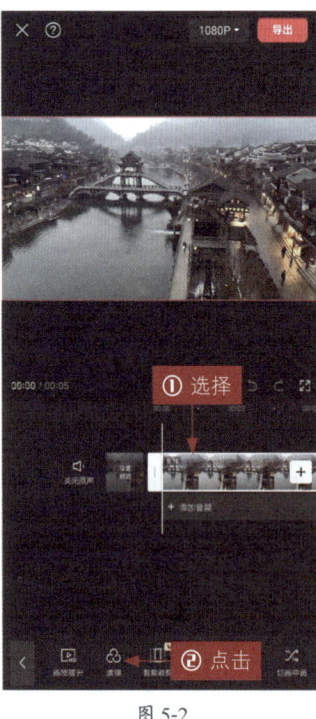

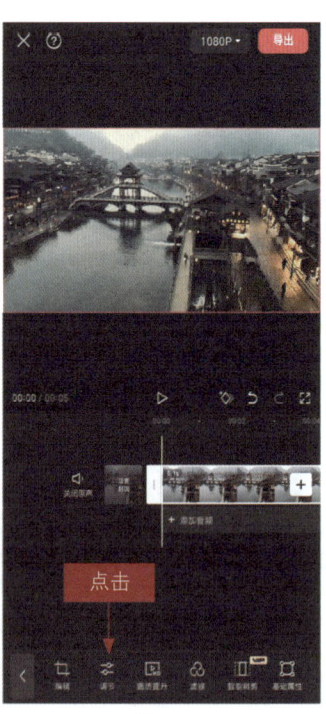

图 5-2　　　　图 5-3　　　　图 5-4

STEP 04 ❶选择"饱和度"选项；❷设置参数为 50，如图 5-5 所示，提亮色彩。
STEP 05 设置"色温"参数为 -9，如图 5-6 所示，增强冷色调。
STEP 06 设置"色调"参数为 6，如图 5-7 所示，增强冷暖色对比度。

图 5-5　　　　　　　　　图 5-6　　　　　　　　　图 5-7

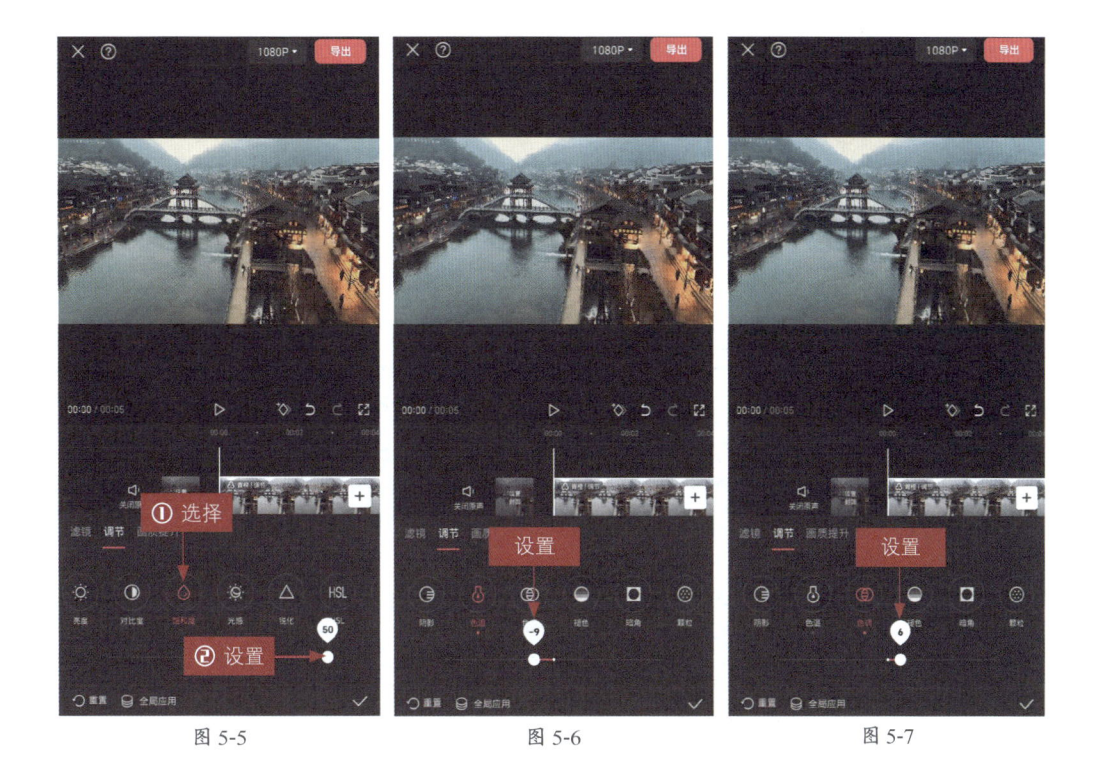

STEP 07 在工具栏中点击"特效"按钮,如图 5-8 所示,然后点击"画面特效"按钮。
STEP 08 ①切换至"自然"选项卡;②选择"孔明灯Ⅱ"特效,如图 5-9 所示。
STEP 09 调整特效的时长,使其对齐视频的时长,完成操作,如图 5-10 所示。

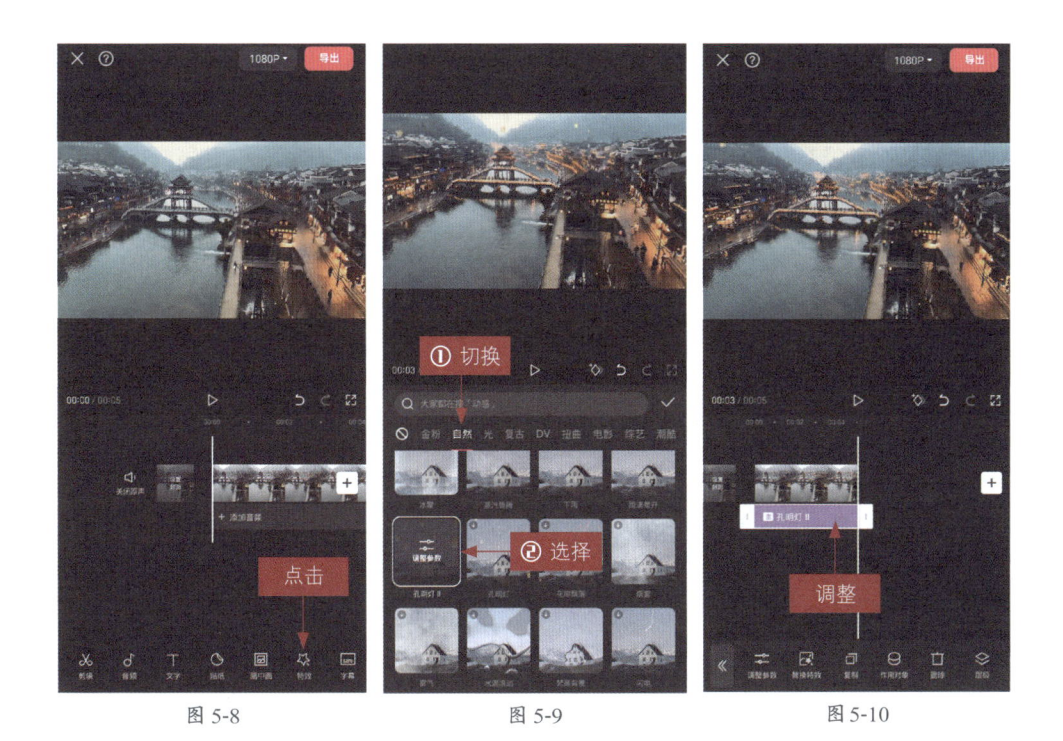

图 5-8　　　　　　　　　图 5-9　　　　　　　　　图 5-10

5.2 调出清新色调——《远方的风景》

效果展示 清新色调色彩靓丽，很适合用在自然风光视频中，尤其是蓝天白云下的风景视频，有着治愈人心的效果，原图与效果图对比如图5-11所示。

图 5-11

下面介绍在剪映App中调出清新色调的具体操作方法。

STEP 01 在剪映App中导入素材，❶选择视频；❷点击"滤镜"按钮，如图5-12所示。
STEP 02 ❶在"滤镜"面板中切换至"风景"选项卡；❷选择"晴空"滤镜，如图5-13所示。
STEP 03 添加滤镜后点击"调节"按钮，设置"亮度"参数为9，如图5-14所示，增强曝光。

图 5-12   图 5-13   图 5-14

STEP 04 设置"对比度"参数为 12，如图 5-15 所示，增强明暗对比。
STEP 05 设置"饱和度"参数为 15，如图 5-16 所示，让色彩更加鲜艳。
STEP 06 设置"光感"参数为 8，如图 5-17 所示，继续增强曝光。

图 5-15　　　　　　图 5-16　　　　　　图 5-17

STEP 07 设置"色温"参数为 -10，如图 5-18 所示，让天空更蓝一些。
STEP 08 设置"色调"参数为 10，如图 5-19 所示，让色彩更加自然。

图 5-18　　　　　　图 5-19

STEP 09 在主面板中依次点击"文字"按钮和"添加贴纸"按钮,如图 5-20 所示。
STEP 10 ❶选择一款合适的贴纸;❷调整贴纸的大小和位置,如图 5-21 所示。
STEP 11 调整贴纸的时长,使其对齐视频的时长,完成操作,如图 5-22 所示。

图 5-20　　　　　　　图 5-21　　　　　　　图 5-22

5.3 调出黑金色调——《城市夜景》

效果展示

黑金色调以黑色和金色为主调,对比感十分强烈,画面也十分简约,给人一种简洁美,适合用在夜景视频中,原图与效果图对比如图 5-23 所示。

扫码看教学视频　扫码看案例效果

图 5-23

下面介绍在剪映 App 中调出黑金色调的具体操作方法。
STEP 01 在剪映 App 中导入素材,❶选择视频;❷点击"滤镜"按钮,如图 5-24 所示。
STEP 02 ❶切换至"黑白"选项卡;❷选择"黑金"滤镜,如图 5-25 所示。

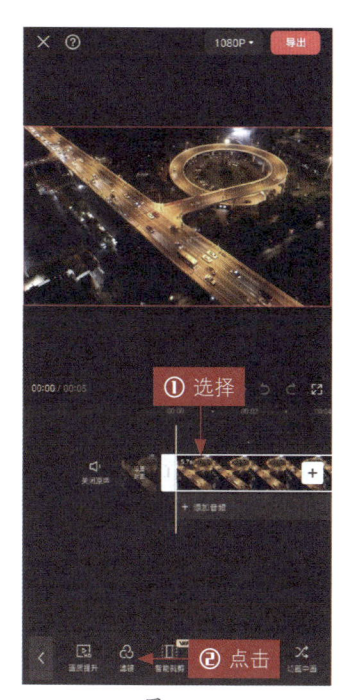

图 5-24　　　　　　　　　图 5-25

STEP 03 添加滤镜后点击"调节"按钮，设置"对比度"参数为 15，如图 5-26 所示，增强色彩对比。

STEP 04 设置"饱和度"参数为 14，如图 5-27 所示，提亮色彩。

STEP 05 设置"色温"参数为 15，如图 5-28 所示，提高暖色调。

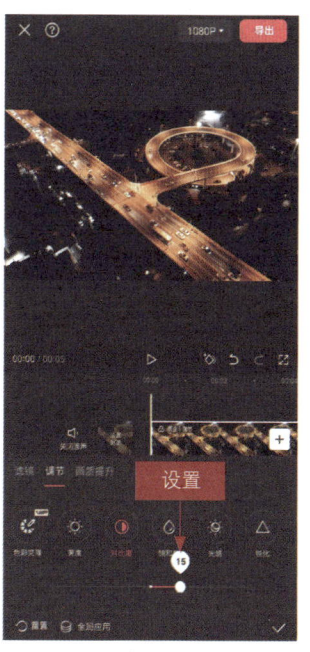

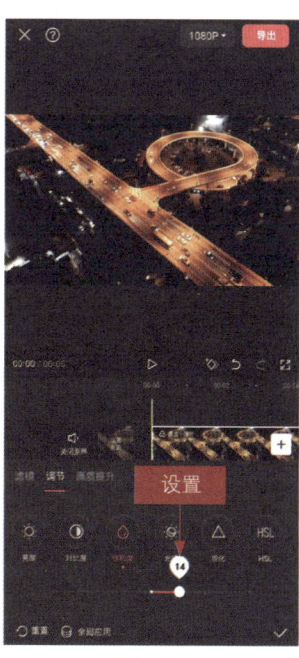

图 5-26　　　　　　图 5-27　　　　　　图 5-28

5.4 AI 调色功能——《粉色云霞》

效果展示 如果视频画面过曝或者欠曝，色彩也不够鲜艳，就可以使用智能调色功能，为画面进行自动调色，用户还可以通过调整相应的参数，让视频画面更加靓丽，原图与效果图对比如图 5-29 所示。

图 5-29

下面介绍在剪映 App 中使用 AI 调色功能的具体操作方法。

STEP 01 在剪映 App 中导入素材，❶选择视频；❷点击"调节"按钮，如图 5-30 所示。

STEP 02 进入"调节"选项卡，选择"智能调色"选项，进行快速调色，优化视频画面，如图 5-31 所示。

STEP 03 为了继续调整视频画面，设置"饱和度"参数为 15，让画面色彩变得鲜艳一些，如图 5-32 所示。

图 5-30　　　图 5-31　　　图 5-32

STEP 04 设置"光感"参数为 6，增加画面曝光，如图 5-33 所示。

STEP 05 设置"色温"参数为 15，让画面偏暖色，如图 5-34 所示。

STEP 06 设置"色调"参数为 15，让画面偏紫调，使得彩霞更好看，如图 5-35 所示。

图 5-33　　　　　　　　图 5-34　　　　　　　　图 5-35

5.5　AI 美妆功能——《快速化妆》

效果展示

智能美妆是一款美颜功能，使用这个功能可以快速为人物进行化妆，美化面容，原图与效果图对比如图 5-36 所示。

扫码看教学视频　　扫码看案例效果

图 5-36

下面介绍在剪映 App 中使用 AI 美妆功能的具体操作方法。

STEP 01 在剪映 App 中导入素材，❶选择人物视频；❷点击"美颜美体"按钮，如图 5-37 所示。

STEP 02 在弹出的工具栏中点击"美颜"按钮，如图 5-38 所示。

图 5-37

图 5-38

STEP 03 ❶切换至"美妆"选项卡；❷选择"腮红大法"选项，为人物快速化妆，如图 5-39 所示。

STEP 04 继续美化面容，❶切换至"美颜"选项卡；❷选择"美白"选项；❸设置参数为 64，让人物皮肤变白一些，如图 5-40 所示。

图 5-39

图 5-40

5.6 色彩克隆功能——《秋高气爽》

效果展示

日常拍摄中，在不同时间段拍摄出来的视频，往往会存在画面色彩或亮度等不统一的情况，使用"色彩克隆"功能可以快速实现色彩的统一，原图与效果图对比如图 5-41 所示。

扫码看教学视频　　扫码看案例效果

图 5-41

下面介绍在剪映 App 中使用"色彩克隆"功能的具体操作方法。

STEP 01 在剪映 App 中导入两段素材，❶选择需要调色的素材；❷点击"调节"按钮，如图 5-42 所示。

STEP 02 进入"调节"面板，选择"色彩克隆"选项，弹出相应面板，点击"设置为目标图像"按钮，将第 1 段素材设置为目标图像，在"色彩克隆"面板中设置"强度"参数为 100，使克隆目标与克隆源的色调一致，如图 5-43 所示。

STEP 03 设置"对比度"参数为 20，提升明暗对比度，让视频画面更加清晰一些，如图 5-44 所示。

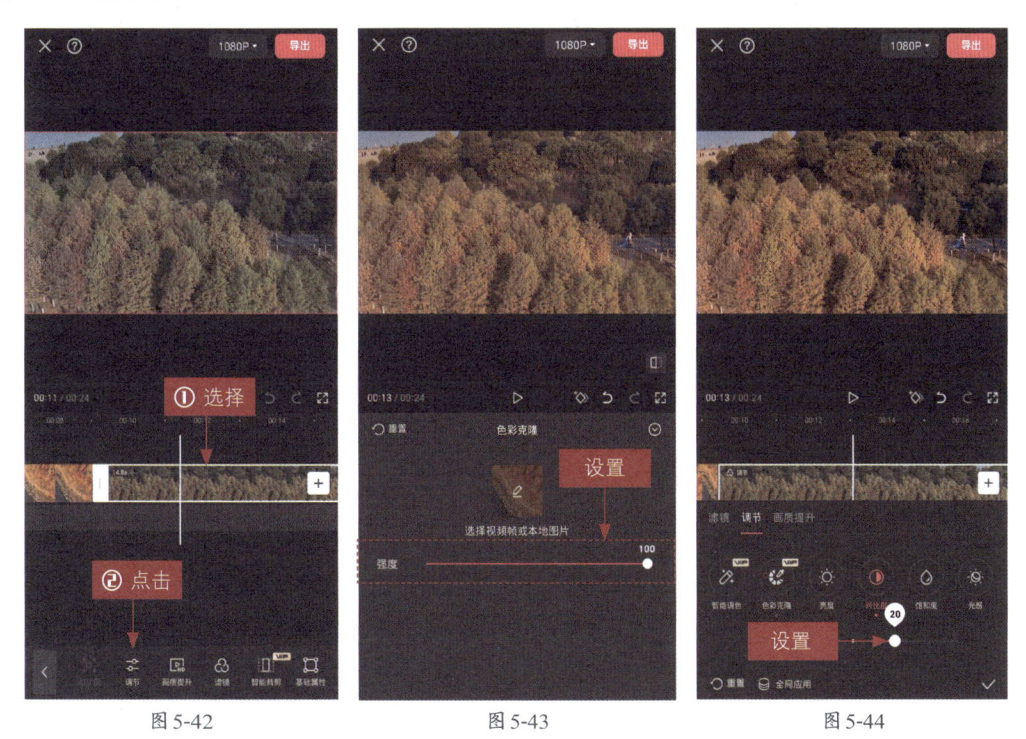

图 5-42　　　　　图 5-43　　　　　图 5-44

STEP 04 设置"饱和度"参数为 15，让画面色彩变得鲜艳一些，如图 5-45 所示。
STEP 05 点击两段素材中间的"转场"按钮⬜，如图 5-46 所示。
STEP 06 ❶选择"运镜"选项卡中的"拉远"选项；❷设置运镜时长为 3.0s，如图 5-47 所示。

图 5-45　　　　　　　　图 5-46　　　　　　　　图 5-47

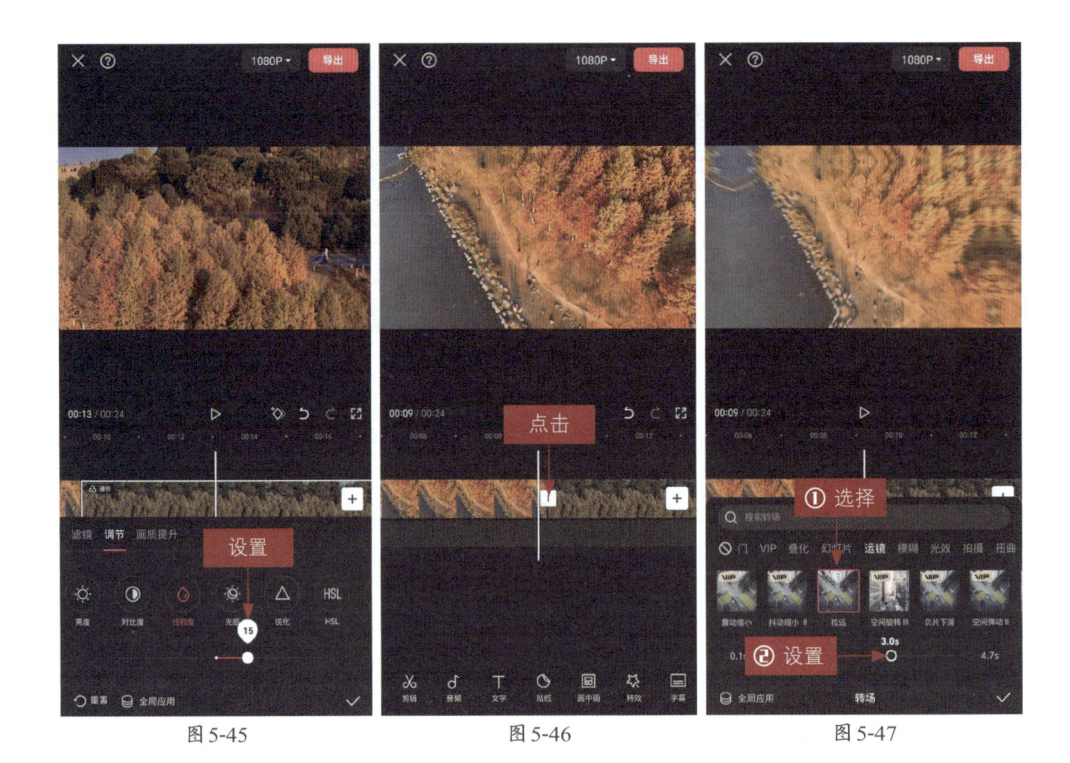

STEP 07　返回一级工具栏，❶拖曳时间轴至素材起始位置；❷点击"特效"按钮，如图 5-48 所示。

STEP 08　点击"画面特效"按钮，如图 5-49 所示。

STEP 09　❶切换至"自然"选项卡；❷选择"落叶Ⅱ"特效，如图 5-50 所示。

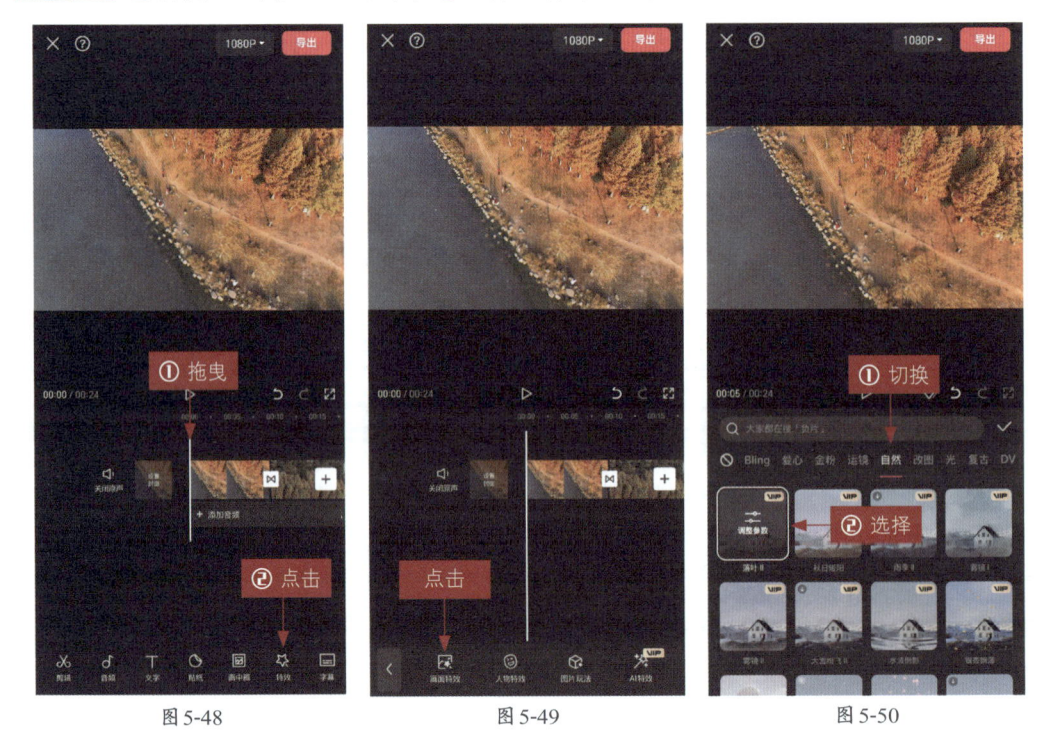

图 5-48　　　　　　　　图 5-49　　　　　　　　图 5-50

STEP 10 返回首页，调整相应的特效时长，如图 5-51 所示。
STEP 11 返回一级工具栏，❶拖曳时间轴至素材起始位置；❷点击"音频"按钮，如图 5-52 所示。
STEP 12 在弹出的二级工具栏中点击"音乐"按钮，如图 5-53 所示。

图 5-51 　　　　图 5-52 　　　　图 5-53

STEP 13 进入"音乐"界面，❶在搜索栏中输入歌曲名称；❷点击所选音乐右侧的"使用"按钮，如图 5-54 所示。
STEP 14 添加音乐后，❶拖曳时间轴至素材末尾位置；❷点击"分割"按钮，如图 5-55 所示，分割音频。

图 5-54　　　　图 5-55

STEP 15 点击"删除"按钮,如图 5-56 所示,删除多余的音频素材。
STEP 16 点击"导出"按钮,如图 5-57 所示,导出视频。

图 5-56　　　　　　　　　　图 5-57

第6章

转场的奇妙：视频的过渡技巧

◎ **本章要点**

在剪映 App 中编辑多段素材时，离不开各种动画和转场，虽然剪映 App 中有各种类型的动画和转场效果，但是还可以运用一些转场素材制作转场，以及运用各种功能制作炫酷的转场。学完本章的内容，你将在转场应用上得到一个质的提高，也希望大家能够举一反三，制作出各种类型的转场效果。

◎ **效果欣赏**

6.1 添加基础转场——《袅袅荷花》

为荷花图片素材添加动画和基础转场效果，就能制作美观的荷花视频，让荷花"动"起来，别有一番风韵，效果如图 6-1 所示。

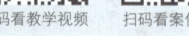

图 6-1

下面介绍在剪映 App 中添加基础转场的具体操作方法。

STEP 01 在剪映 App 中导入 4 段素材，点击"转场"按钮，如图 6-2 所示。
STEP 02 在搜索栏中搜索并选择"色差顺时针"转场，如图 6-3 所示。
STEP 03 为第 2 段素材与第 3 段素材之间设置"泛光"基础转场，如图 6-4 所示。

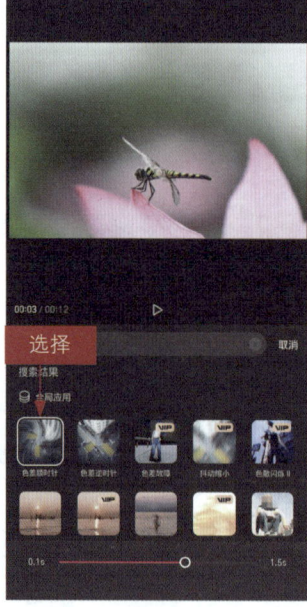

图 6-2　　　　　　图 6-3　　　　　　图 6-4

STEP 04 为第 3 段素材与第 4 段素材之间设置"水墨"遮罩转场，如图 6-5 所示。
STEP 05 添加音乐并调整其时长，①选择第 1 段素材；②点击"动画"按钮，如图 6-6 所示。
STEP 06 在"入场动画"中，①选择"向上转入 II"动画；②设置动画时长为 1.5s，如图 6-7 所示。

图 6-5 　　　　　　　图 6-6 　　　　　　　图 6-7

STEP 07 ①选择第 2 段素材；②点击"组合动画"选项卡；③选择"荡秋千"动画，如图 6-8 所示。同理，为第 3 段素材设置"旋入晃动"组合动画，为第 4 段素材设置"缩放"组合动画。

STEP 08 在视频的起始位置点击"特效" | "画面特效"按钮，如图 6-9 所示。

STEP 09 添加"星火"氛围特效并调整其时长，使其对齐视频时长，如图 6-10 所示。

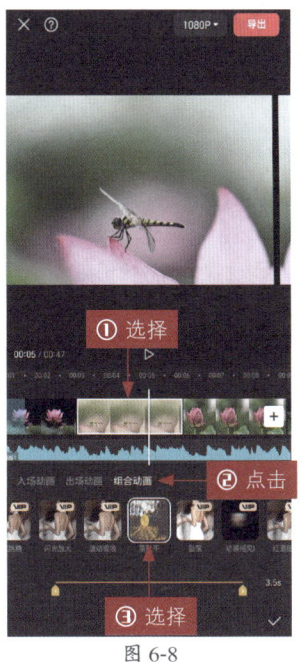

图 6-8 　　　　　　　图 6-9 　　　　　　　图 6-10

6.2 无人机云台转场——《三汊矶大桥》

运用"关键帧"功能可以制作无人机云台转场视频,将视频从无人机屏幕中慢慢显示出来,非常大气,效果如图6-11所示。

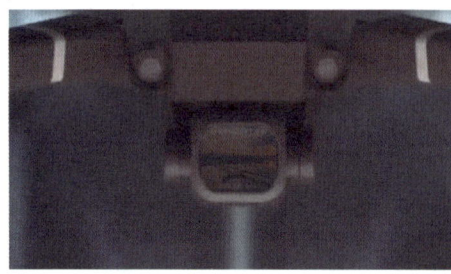

图6-11

下面介绍在剪映App中制作无人机云台转场的具体操作方法。

STEP 01 导入无人机素材,在视频末尾位置点击"定格"按钮,如图6-12所示。

STEP 02 选中定格素材并在定格素材的起始位置点击◇按钮,添加关键帧,如图6-13所示。

STEP 03 ❶拖曳时间轴至素材末尾位置;❷放大定格画面,如图6-14所示。

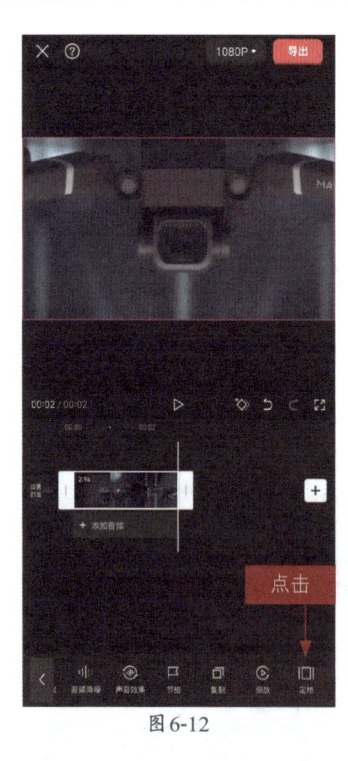

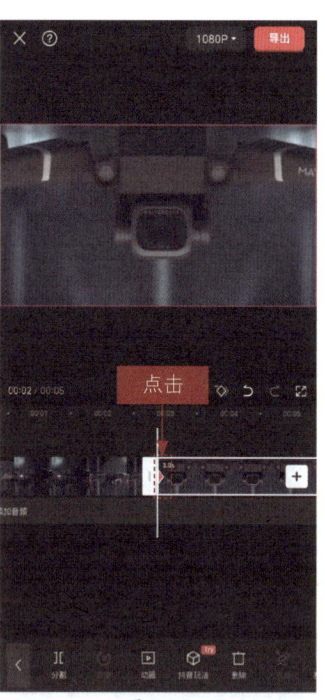

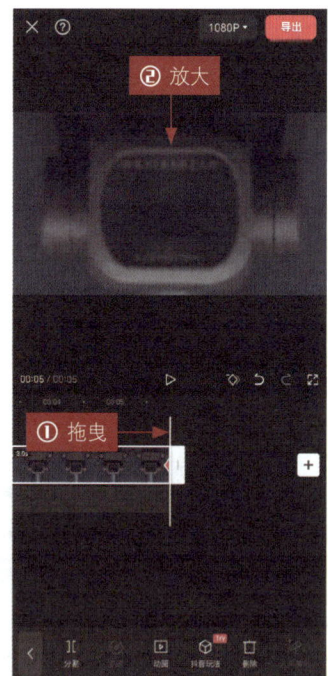

图6-12　　　　　图6-13　　　　　图6-14

STEP 04 在定格素材的起始位置点击"画中画"按钮,如图6-15所示。

STEP 05 在弹出的面板中点击"新增画中画"按钮,如图6-16所示。

STEP 06 ❶选择风景视频;❷点击"添加"按钮,如图6-17所示。

图 6-15　　　　　　　　图 6-16　　　　　　　　图 6-17

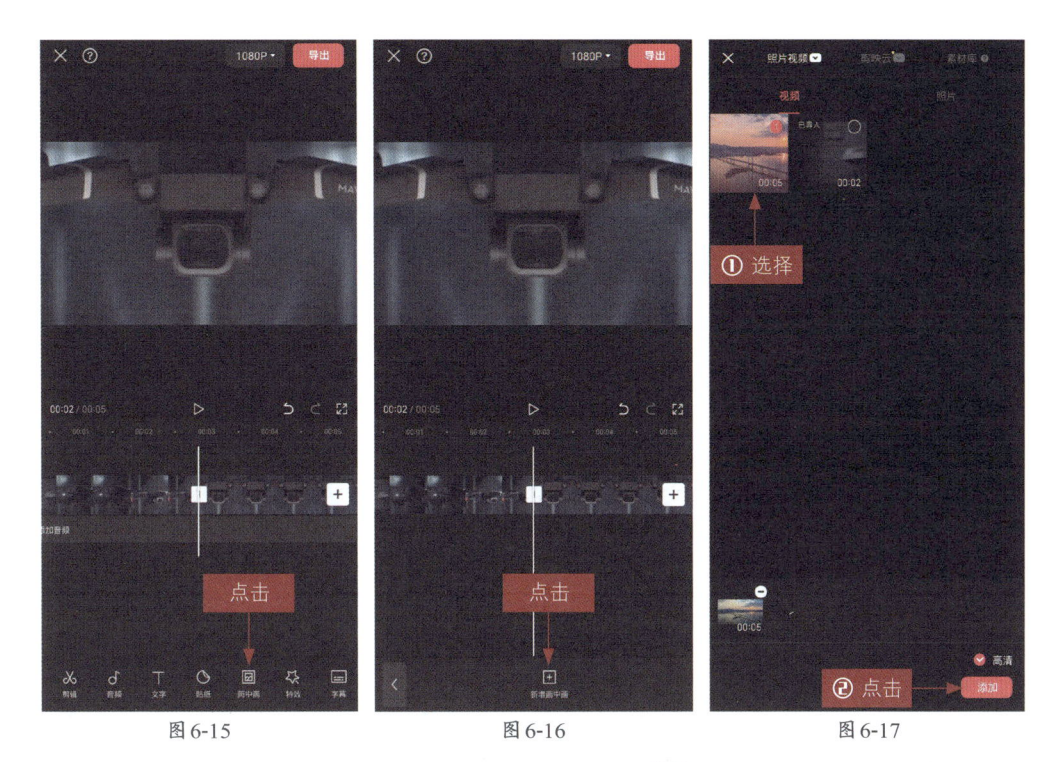

STEP 07　①选中风景视频并在风景视频的起始位置点击◇按钮，添加关键帧；②调整风景视频的画面大小；③点击"蒙版"按钮，如图 6-18 所示。

STEP 08　①选择"矩形"蒙版；②调整蒙版的形状、位置等参数，如图 6-19 所示。

STEP 09　①向后微微拖曳时间轴，②调整风景视频的画面大小，覆盖无人机中的屏幕，如图 6-20 所示。

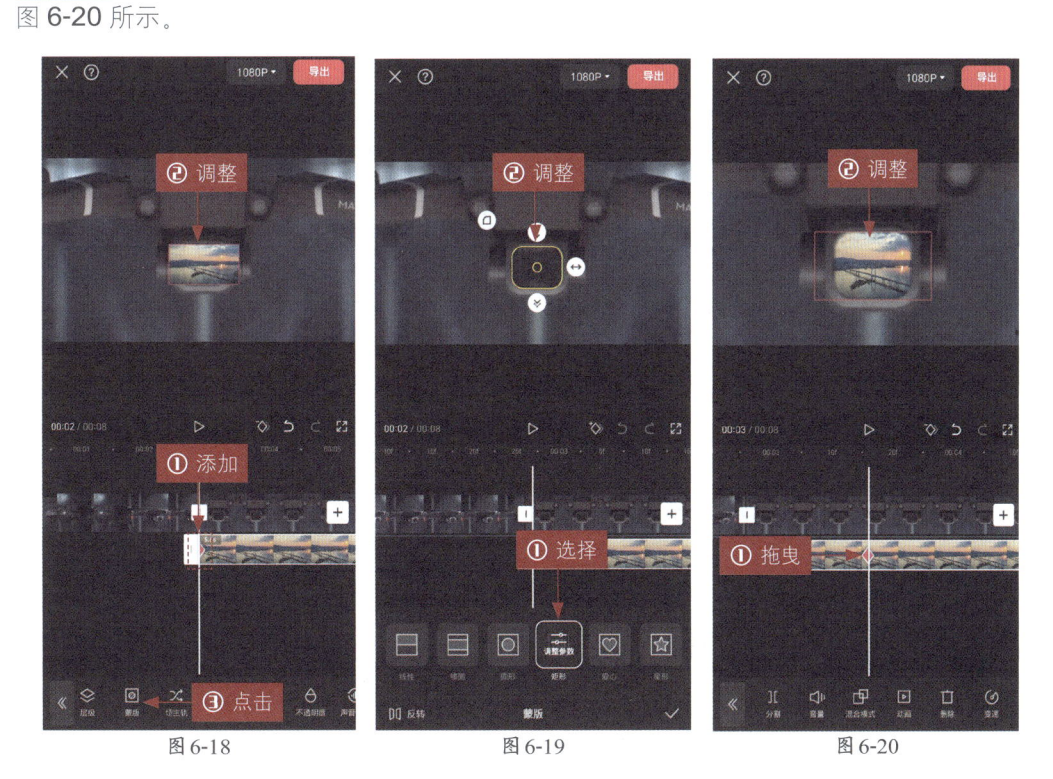

图 6-18　　　　　　　　图 6-19　　　　　　　　图 6-20

STEP 10 ①继续向后微微拖曳时间轴，②继续调整风景视频的画面大小，覆盖无人机中的屏幕，如图 6-21 所示。

STEP 11 在第 5 个关键帧的位置放大视频画面，使其铺满画面，如图 6-22 所示。

STEP 12 点击"动画"按钮，如图 6-23 所示。

图 6-21　　　　图 6-22　　　　图 6-23

STEP 13 ①在"入场动画"中选择"渐显"动画，②设置动画时长为 1.0s，如图 6-24 所示。

STEP 14 为视频添加合适的背景音乐，如图 6-25 所示。

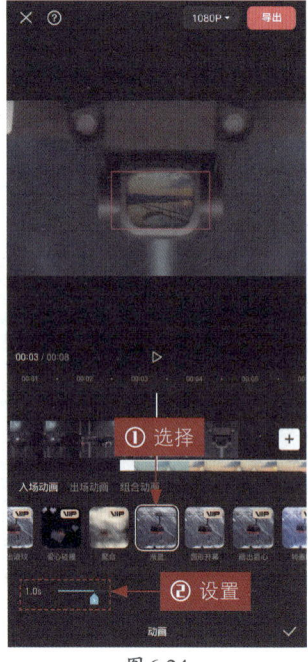

图 6-24　　　　图 6-25

6.3 线条切割转场——《季节转换》

效果展示

制作线条切割转场也需要用到"关键帧"功能,使用它能够在线条切割放大的过程中实现画面切换、季节转换的效果,效果如图 6-26 所示。

扫码看教学视频　扫码看案例效果

图 6-26

下面介绍在剪映 App 中制作线条切割转场的具体操作方法。

STEP 01 在剪映 App 中导入两张季节不同的照片,❶选择第 1 段素材;❷点击"切画中画"按钮,如图 6-27 所示,把素材切换至画中画轨道中。

STEP 02 回到上一级工具栏,点击"新增画中画"按钮,如图 6-28 所示。

STEP 03 添加线条切割素材,❶调整素材的画面大小;❷设置两段照片素材的时长为 5 秒;❸选择线条切割素材,并点击"混合模式"按钮,如图 6-29 所示。

图 6-27　　图 6-28　　图 6-29

STEP 04 在弹出的面板中选择"滤色"选项,如图 6-30 所示。

STEP 05 ❶选择画中画轨道中的素材;❷在 3 秒左右的位置点击◇按钮,添加关键帧;❸点击"蒙版"按钮,如图 6-31 所示。

STEP 06 ①选择"镜面"蒙版;②调整蒙版的角度、位置和大小,如图 6-32 所示。

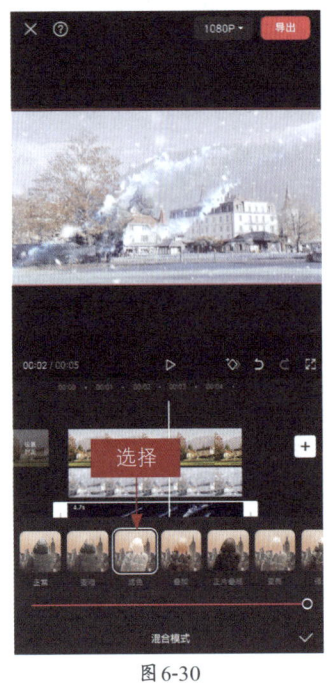

图 6-30 　　　　　图 6-31 　　　　　图 6-32

STEP 07 ①拖曳时间轴至线条切割结束的位置;②调整蒙版的大小,使其露出全部画面,如图 6-33 所示。

STEP 08 在视频 3 秒的位置依次点击"特效"按钮和"画面特效"按钮,如图 6-34 所示。

STEP 09 在搜索栏中搜索并选择"飘雪"特效,如图 6-35 所示。

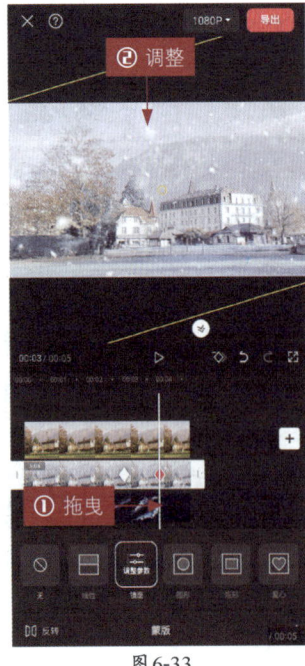

图 6-33 　　　　　图 6-34 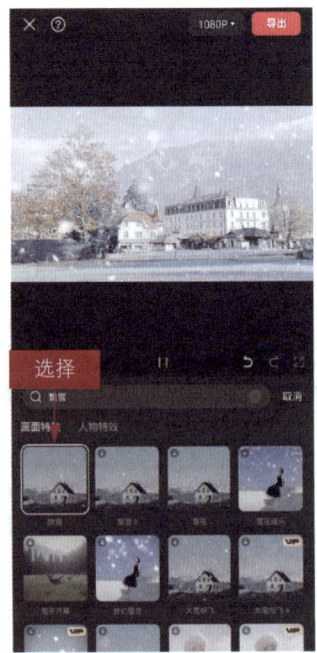　　　　　图 6-35

STEP 10 ❶选择轨道中的"飘雪"特效,❷点击"作用对象"按钮,如图 6-36 所示。
STEP 11 在"作用对象"面板中选择"画中画"选项,如图 6-37 所示,最后为视频添加合适的背景音乐。

图 6-36　　　　　　图 6-37

6.4 文字转场——《美丽竹海》

效果展示

文字转场的效果是让画面从文字中切换出来,也需要用到"关键帧"这个功能,而且文字最好是用粗体,效果如图 6-38 所示。

扫码看教学视频　　扫码看案例效果

图 6-38

下面介绍在剪映 App 中制作文字转场的具体操作方法。
STEP 01 在剪映 App 中导入素材,点击"文字"按钮,图 6-39 所示,点击"新建文本"按钮。
STEP 02 ❶输入文字;❷在"样式"选项卡中选择红色色块,如图 6-40 所示。
STEP 03 在"排列"选项区中设置"字间距"参数为 2,如图 6-41 所示。

图 6-39　　　　　　　　　图 6-40　　　　　　　　　图 6-41

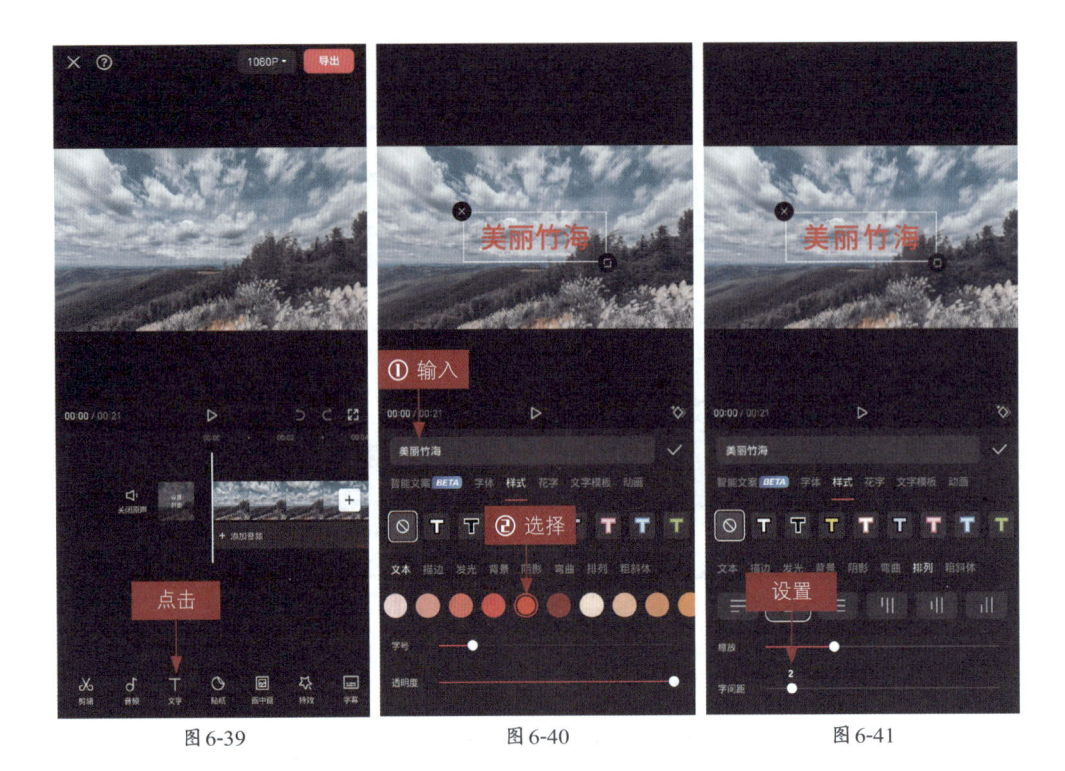

STEP 04 ❶切换至"字体"选项卡；❷选择合适的字体，如图 6-42 所示。
STEP 05 ❶调整文字的大小和时长；❷在文字起始位置点击◇按钮，添加关键帧，如图 6-43 所示。
STEP 06 ❶拖曳时间轴至文字中间的位置；❷微微放大文字，如图 6-44 所示。

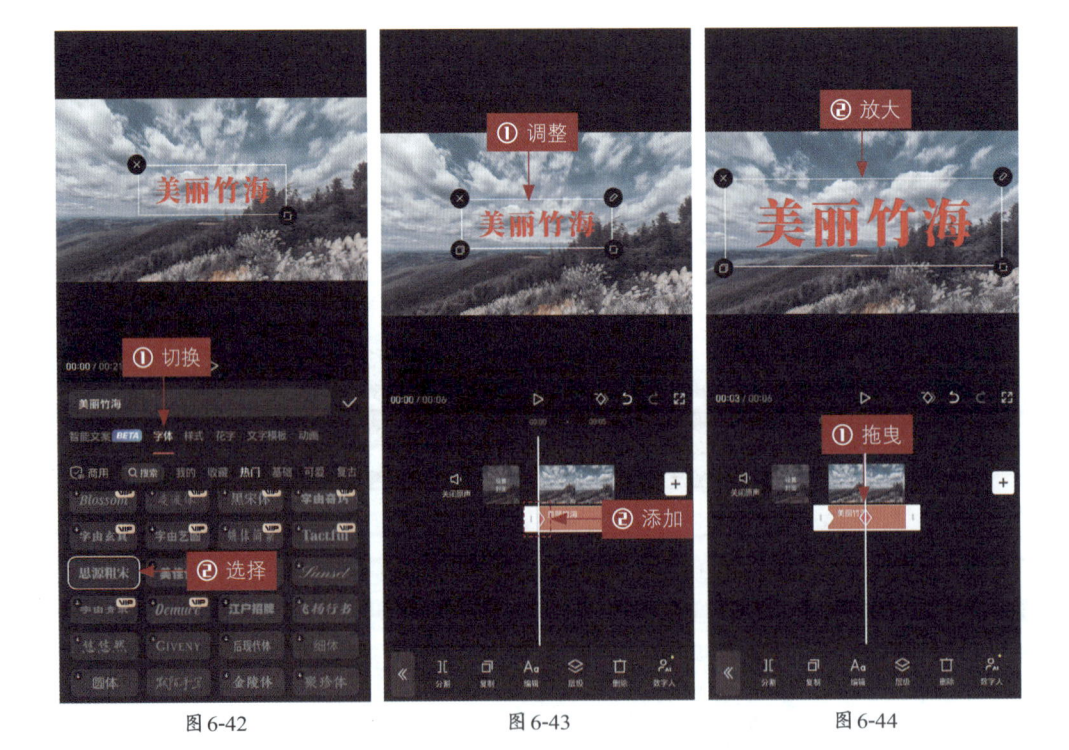

图 6-42　　　　　　　　　图 6-43　　　　　　　　　图 6-44

STEP 07 ①在末尾位置放大文字至最大；②点击"导出"按钮，如图 6-45 所示。
STEP 08 在剪映 App 中导入第 2 段素材，点击"画中画"按钮，如图 6-46 所示，再点击"新增画中画"按钮。
STEP 09 ①添加上一步导出的素材，并调整画面大小；②在"抠像"中选择"色度抠图"按钮，如图 6-47 所示。

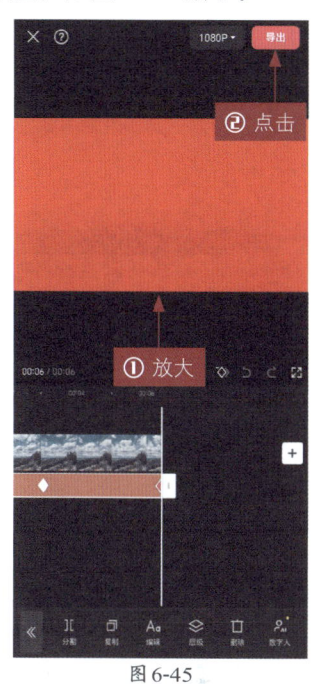

图 6-45　　　　　图 6-46　　　　　图 6-47

STEP 10 拖曳"取色器"圆环，在画面中取样红色，如图 6-48 所示。
STEP 11 设置"强度"参数为 100，抠出文字，如图 6-49 所示。
STEP 12 为视频添加合适的背景音乐，如图 6-50 所示。

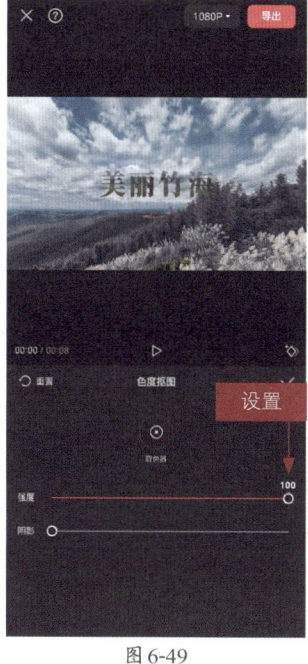

图 6-48　　　　　图 6-49　　　　　图 6-50

6.5 书本翻页转场——《湖边夕阳》

书本翻页转场主要用到"蒙版"功能和"动画"功能,让画面像书本翻页一样切换,十分文艺,效果如图6-51所示。

图6-51

下面介绍在剪映App中制作书本翻页转场的具体操作方法。

STEP 01 在剪映App中导入两段素材,❶选择第1段素材,❷点击"切画中画"按钮,如图6-52所示。

STEP 02 把素材切换至画中画轨道中,点击"蒙版"按钮,如图6-53所示。

STEP 03 ❶选择"线性"蒙版;❷调整蒙版角度为90°,如图6-54所示。

图6-52 图6-53 图6-54

STEP 04 点击"复制"按钮,如图6-55所示,复制画中画轨道中的素材。

STEP 05 ❶拖曳复制后的素材至第2条画中画轨道中;❷点击"蒙版"按钮,如图6-56所示。

STEP 06 在"蒙版"面板中点击"反转"按钮,如图6-57所示。

图 6-55　　　　　　　图 6-56　　　　　　　图 6-57

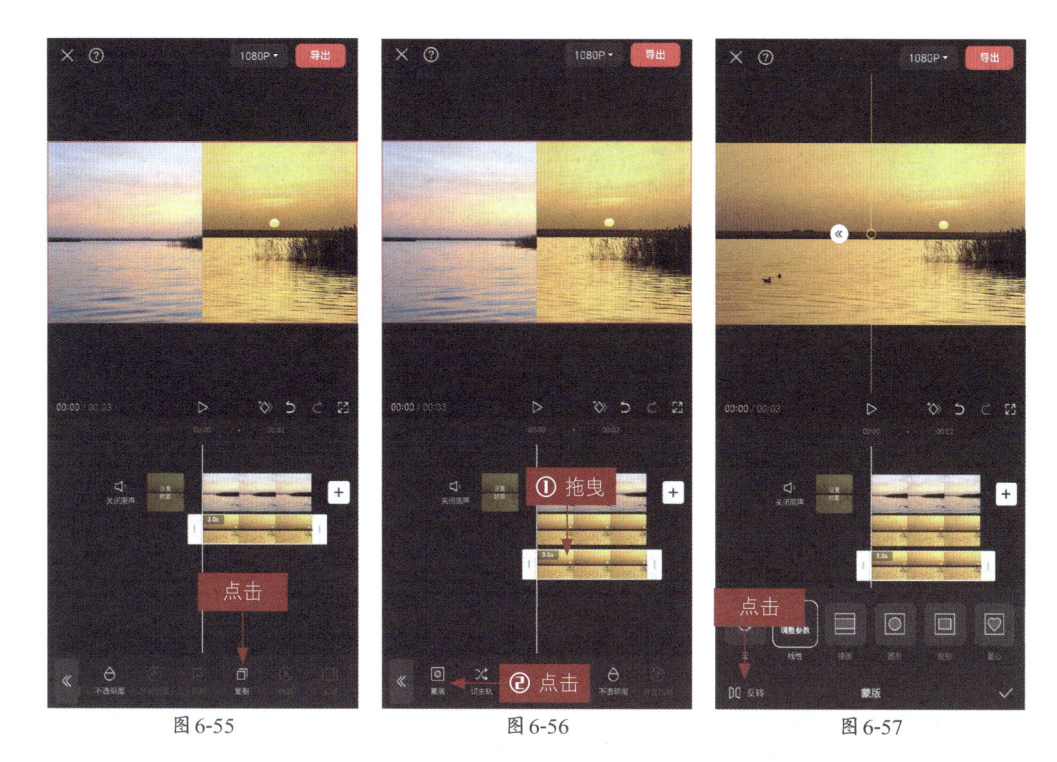

STEP 07 调整第 1 条画中画轨道中素材的时长为 1.5s，如图 6-58 所示。
STEP 08 ❶选择视频轨道中的素材；❷点击"复制"按钮，如图 6-59 所示。
STEP 09 ❶选择第 1 段素材；❷点击"切画中画"按钮，如图 6-60 所示。

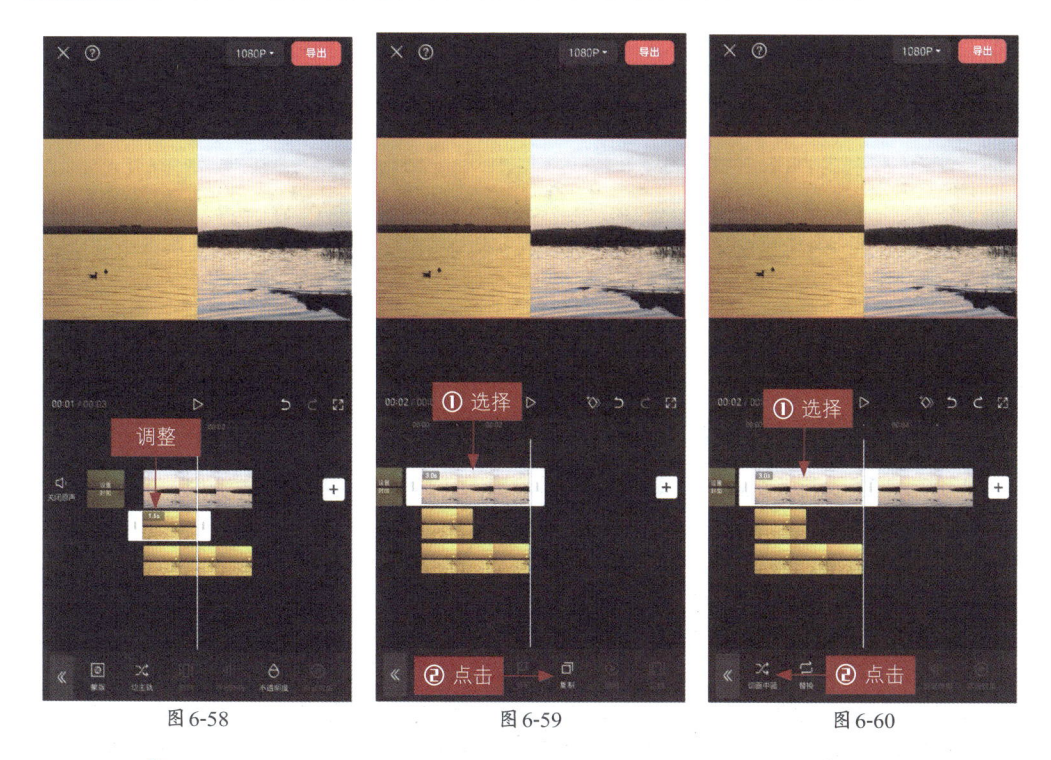

图 6-58　　　　　　　图 6-59　　　　　　　图 6-60

STEP 10 ❶调整复制素材的轨道位置，并设置时长为 1.5s；❷点击"蒙版"按钮，如图 6-61 所示。

STEP 11 ❶选择"线性"蒙版;❷调整蒙版角度为 -90°,如图 6-62 所示。

STEP 12 ❶选择第 1 条画中画轨道中的第 2 段素材;❷点击"动画"按钮,如图 6-63 所示。

图 6-61 　　　　　图 6-62 　　　　　图 6-63

STEP 13 ❶在"入场动画"面板中选择"镜像翻转"动画;❷设置动画时长为 1.5s,如图 6-64 所示。

STEP 14 选择第 1 条画中画轨道中的第 1 段素材,点击"出场动画"选项卡,❶选择"镜像翻转"动画;❷设置动画时长为 1.5s,如图 6-65 所示。

STEP 15 为视频添加合适的背景音乐,如图 6-66 所示。

图 6-64 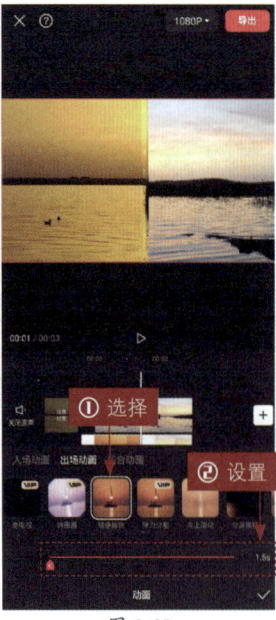　　　　　图 6-65 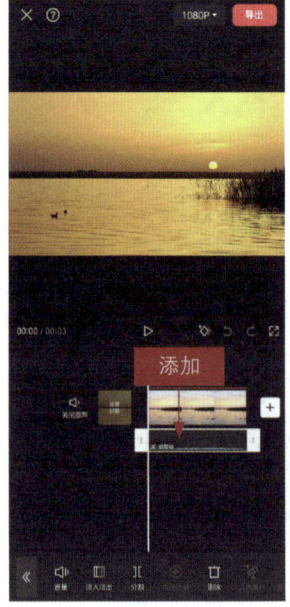　　　　　图 6-66

第 7 章

特效大师：特效应用与 AI 创作

◎ **本章要点**

　　剪映 App 中的特效十分丰富，除了基础特效还有 AI 特效。给视频添加这些特效，能让画面内容更加丰富，形式更加多样。剪映 App 中的特效非常多，本章就以几个常见实用的热门特效案例为主进行讲解，希望大家在学完本章后，能够举一反三，创作出更多火爆全网的特效视频。

◎ **效果欣赏**

7.1 添加自然特效——《春日花瓣》

效果展示 剪映App的"自然"特效选项卡中有丰富的特效,如雨、雾、花等,为花朵视频添加花瓣特效,能够让画面更加唯美,效果如图7-1所示。

图 7-1

下面介绍在剪映App中添加自然特效的具体操作方法。

STEP 01 在剪映App中导入素材,点击"特效"按钮,如图7-2所示。
STEP 02 在弹出的二级工具栏中点击"画面特效"按钮,如图7-3所示。
STEP 03 ❶切换至"自然"选项卡;❷选择"花瓣飞扬"特效,如图7-4所示。

图 7-2　　　图 7-3　　　图 7-4

STEP 04 ❶调整"花瓣飞扬"特效的时长,使其末端对齐视频的末尾位置;❷点击"调整参数"按钮,如图7-5所示。
STEP 05 在"调整参数"中设置"速度"参数为20,如图7-6所示,让特效变化的速度变慢一些。

STEP 06 设置"氛围"参数为 81，如图 7-7 所示，让花瓣变透明一些。

图 7-5　　　　　图 7-6　　　　　图 7-7

7.2 添加人物特效——《大头特效》

效果展示　剪映 App 中还有很多人物特效，如大头特效、道具特效、动物形象特效等，让视频中的人像更加生动有趣，效果如图 7-8 所示。

扫码看教学视频　　扫码看案例效果

图 7-8

下面介绍在剪映 App 中添加人物特效的具体操作方法。

STEP 01 在剪映 App 中导入素材，点击"特效"按钮，如图 7-9 所示。

STEP 02 在弹出的二级工具栏中点击"人物特效"按钮,如图 7-10 所示。

STEP 03 在"热门"选项卡中,选择"大头"特效,如图 7-11 所示,放大头部。

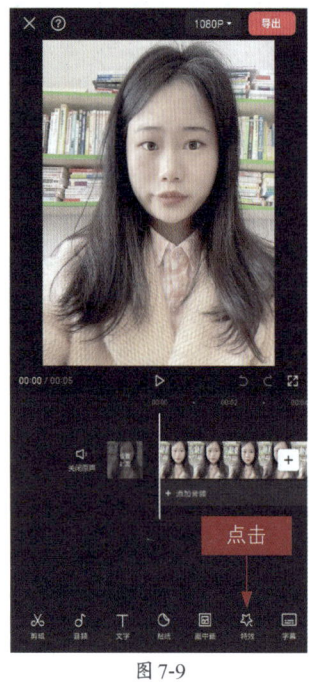

图 7-9 　　　　　　图 7-10 　　　　　　图 7-11

STEP 04 在"大头"特效的末尾位置,点击"人物特效"按钮,如图 7-12 所示。

STEP 05 ❶切换至"形象"选项卡;❷选择"可爱猪"特效;❸点击 ✓ 按钮,如图 7-13 所示,添加猪头特效。

STEP 06 确认操作后,点击"导出"按钮,如图 7-14 所示,即可导出视频。

图 7-12 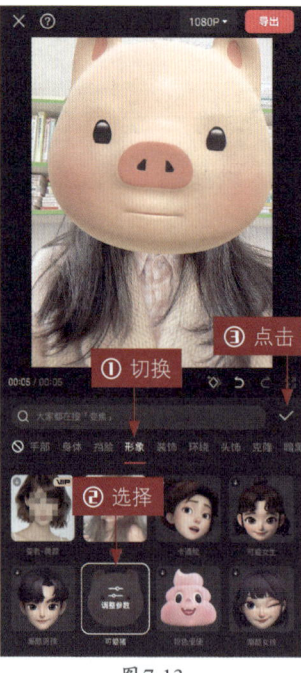　　　　　　图 7-13 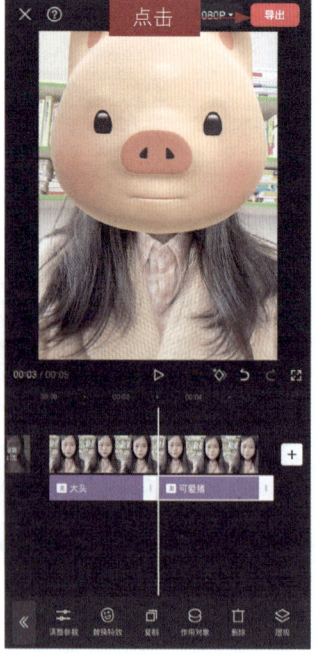　　　　　　图 7-14

7.3 添加动感特效——《强烈节拍》

效果展示

在人像视频中添加动感特效,可以让视频画面更加动感、炫酷,尤其是对于照片素材,添加动感特效能让照片变成视频,效果如图 7-15 所示。

图 7-15

下面介绍在剪映 App 中添加动感特效的具体操作方法。

STEP 01 在剪映 App 中导入 3 段素材,并调整画面大小。添加背景音乐,根据音乐节奏,调整 3 段素材的时长,并删除多余的音频,如图 7-16 所示。

STEP 02 点击第 1 段素材与第 2 段素材之间的"转场"按钮 ⊔,在弹出的面板中搜索并选择"泛白"基础转场,如图 7-17 所示。点击"全局应用",为第 2 段素材与第 3 段素材之间也设置相同的转场效果。

STEP 03 在起始位置依次点击"特效"|"画面特效"按钮,如图 7-18 所示。

图 7-16　　　　　图 7-17　　　　　图 7-18

STEP 04 在"综艺"选项卡中选择"冲刺"特效,如图 7-19 所示。

STEP 05 ❶调整"冲刺"特效的时长;❷在"冲刺"特效的末尾位置点击"画面特效"按钮,如图 7-20 所示。

STEP 06 在"动感"选项卡中选择"灵魂出窍"特效,如图 7-21 所示,并调整该段特效的时长。

图 7-19 　　　　　　图 7-20 　　　　　　图 7-21

STEP 07 用与上面步骤同样的方法,为剩下的素材继续添加"霓虹摇摆""抖动"和"几何图形"动感特效,如图 7-22 所示。

STEP 08 在"冲刺"特效的末尾位置分割第 1 段素材,选择分割后的第 2 段素材,依次点击"动画"按钮,❶在"入场动画"选项卡中选择"轻微抖动Ⅲ"动画;❷设置动画时长为最大值,如图 7-23 所示。

STEP 09 为第 3 段和第 4 段素材也添加"轻微抖动Ⅲ"动画,如图 7-24 所示。

图 7-22 　　　　　　图 7-23 　　　　　　图 7-24

7.4 使用灵感模板进行 AI 创作——《古风人物》

效果展示　如果用户不知道输入什么描述词进行创作，那么就可以在灵感库中选择相应的描述词，生成图片，原图与效果图对比如图 7-25 所示。

图 7-25

下面介绍在剪映 App 中使用灵感模板进行 AI 创作的操作方法。

STEP 01 在"剪辑"界面中点击"展开"按钮，在展开的功能面板中点击"AI 特效"按钮，如图 7-26 所示。

STEP 02 进入"最近项目"界面，选择一张图片，如图 7-27 所示。

STEP 03 在"请输入描述词"面板中，点击"灵感"按钮，如图 7-28 所示。

图 7-26　　图 7-27　　图 7-28

STEP 04 弹出"灵感"面板,点击所选模板下的"试一试"按钮,如图7-29所示。
STEP 05 ❶设置"相似度"参数为100;❷点击"立即生成"按钮,如图7-30所示,即可以图生图。
STEP 06 生成相应的图片之后,点击"保存"按钮,把图片保存至手机中,如图7-31所示。

图 7-29　　　　　　图 7-30　　　　　　图 7-31

7.5　使用热门模板进行 AI 创作——《毛毡娃娃》

效果展示　在剪映的"特效"工具栏中,也有"AI 特效"功能,使用热门模板,可以以图生图,原图与效果图对比如图7-32所示。

扫码看教学视频　　扫码看案例效果

图 7-32

下面介绍在剪映 App 中使用热门模板进行 AI 创作的操作方法。
STEP 01 在剪映 App 中导入素材,点击"特效"按钮,如图7-33所示。
STEP 02 在弹出的二级工具栏中点击"AI 特效"按钮,如图7-34所示。

STEP 03 弹出"灵感"面板，①选择"热门"选项卡中的模板；②点击"生成"按钮，如图 7-35 所示。

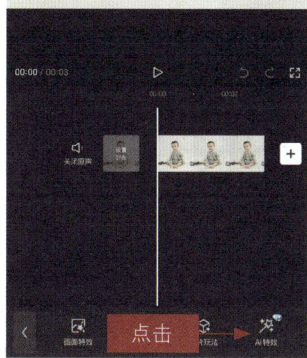

图 7-33　　　　　图 7-34　　　　　图 7-35

STEP 04 弹出"效果预览"面板，①选择合适的选项；②点击"应用"按钮，如图 7-36 所示，实现以图生图。

STEP 05 返回一级工具栏，点击"音频"按钮，如图 7-37 所示。

STEP 06 在弹出的二级工具栏中点击"音乐"按钮，如图 7-38 所示。

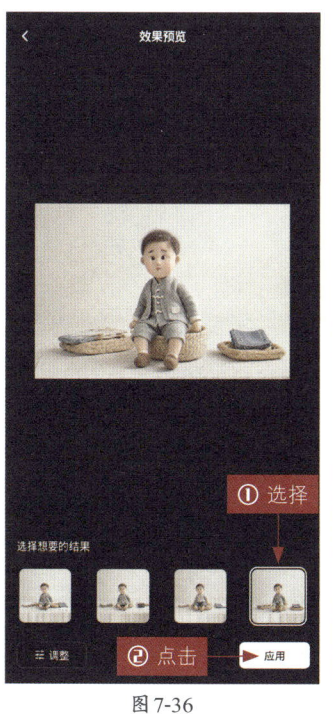

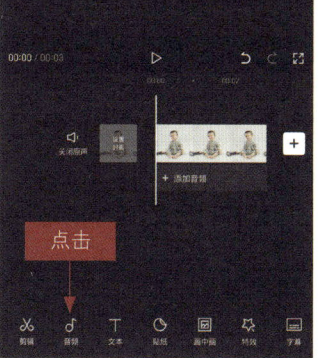

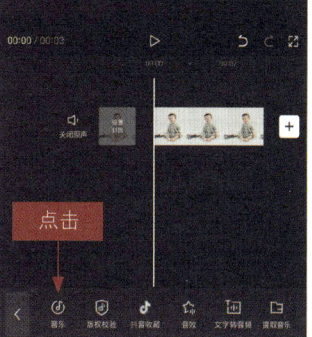

图 7-36　　　　　图 7-37　　　　　图 7-38

STEP 07 进入"音乐"界面，❶切换至"收藏"选项卡；❷点击所选音乐右侧的"使用"按钮，如图 7-39 所示。

STEP 08 添加音乐后，❶在视频的末尾位置选择音频素材；❷点击"分割"按钮，分割音频；❸点击"删除"按钮，如图 7-40 所示，删除多余的音频素材。

图 7-39

图 7-40

短视频案例篇

第 8 章

静态美感：图片效果制作

◎ **本章要点**

　　通过技术手段将静态图片转化为具有动态效果的视觉作品，以此增强图片的吸引力和表现力。这种技术可以用于多种场合，如社交媒体分享、广告宣传、影视制作等，以吸引观众的注意力并传达强烈的情感或信息。通过添加动态特效，静态图片可以变得更加生动有趣，提高互动性和观看体验。

◎ **效果欣赏**

8.1 风景滤镜卡点——《夕阳变色卡点》

在剪映 App 中根据音乐节奏的起伏，再添加一些滤镜，就能制作出风景滤镜卡点视频，让夕阳变成更漂亮的色彩，效果如图 8-1 所示。

图 8-1

下面介绍在剪映 App 中制作风景滤镜卡点视频的具体操作方法。

STEP 01 在剪映 App 中导入素材，点击"音频"按钮，如图 8-2 所示，添加合适的音乐。
STEP 02 ❶选择素材；❷在 5 秒左右的位置点击"分割"按钮，如图 8-3 所示。
STEP 03 分割素材之后，点击"滤镜"按钮，如图 8-4 所示。

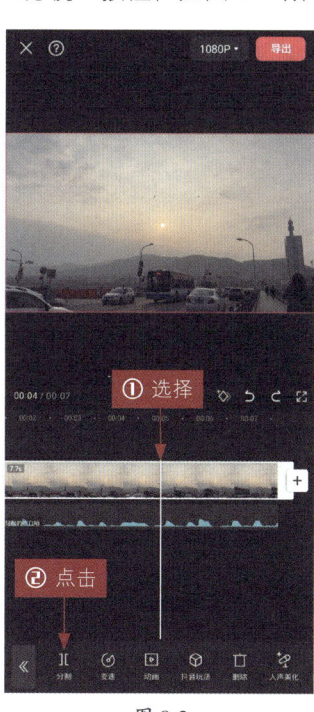

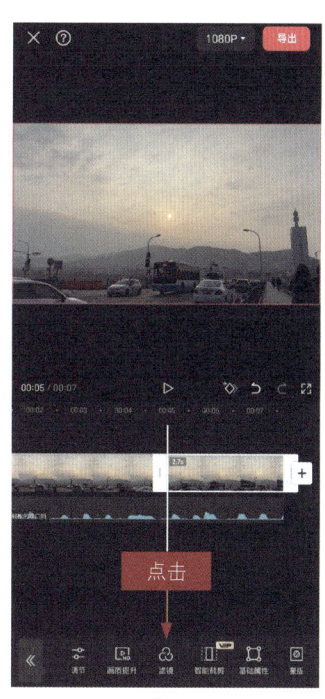

图 8-2　　　　图 8-3　　　　图 8-4

STEP 04 在"风景"选项卡中选择"橘光"滤镜，如图 8-5 所示。
STEP 05 返回上一级工具栏，点击"调节"按钮，设置"饱和度"参数为 10，如图 8-6 所示，提亮一些色彩。
STEP 06 设置"色温"参数为 7，如图 8-7 所示，让画面偏暖色系一些。

图 8-5 　　　　　　　　　图 8-6 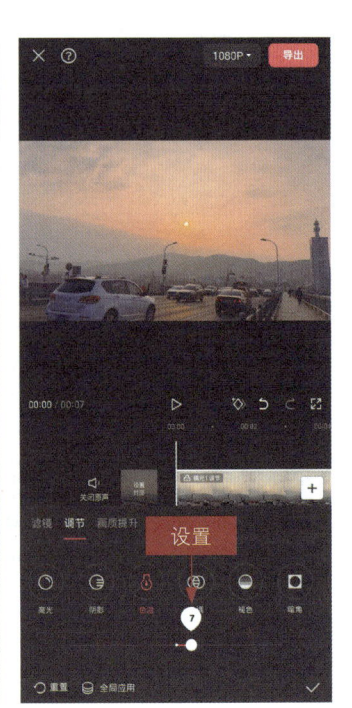　　　　　　　　　图 8-7

STEP 07 在视频起始位置的主面板中依次点击"特效"|"画面特效"按钮,如图 8-8 所示。
STEP 08 在"基础"选项卡中选择"变清晰"特效,如图 8-9 所示。
STEP 09 在"变清晰"特效的末端点击"画面特效"按钮,如图 8-10 所示。

图 8-8 　　　　　　　　　图 8-9 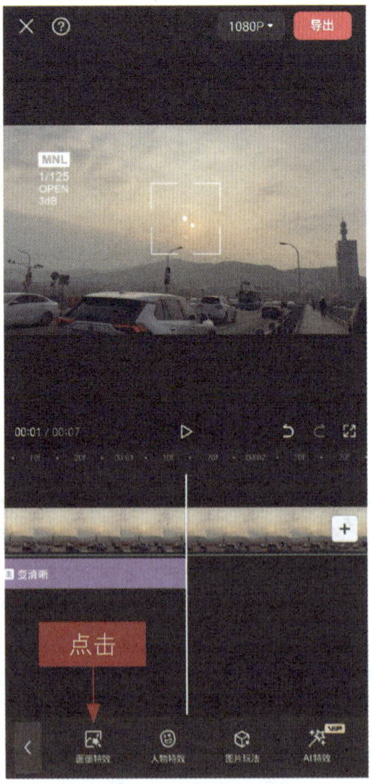　　　　　　　　　图 8-10

STEP 10 在"动感"选项卡中选择"闪白"特效,如图 8-11 所示。
STEP 11 调整"闪白"特效的时长,使其末端对齐第 1 段素材的末尾位置,如图 8-12 所示。

STEP 12 继续在后面添加"星火"氛围特效,如图 8-13 所示。

图 8-11　　　　　　　　图 8-12　　　　　　　　图 8-13

STEP 13 调整"星火"特效的时长,对齐第 2 段素材的时长,如图 8-14 所示。
STEP 14 点击两段素材之间的"转场"按钮 |,如图 8-15 所示。
STEP 15 在"叠化"选项卡中,选择"闪黑"转场,如图 8-16 所示。

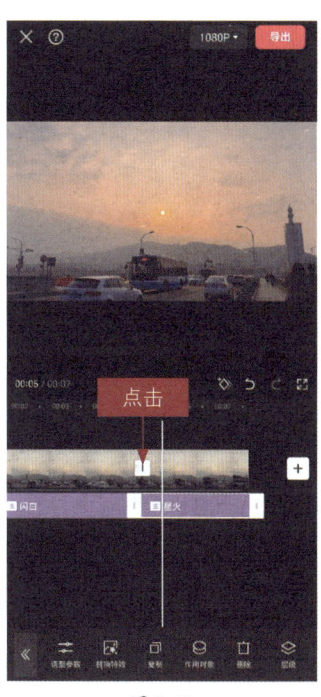

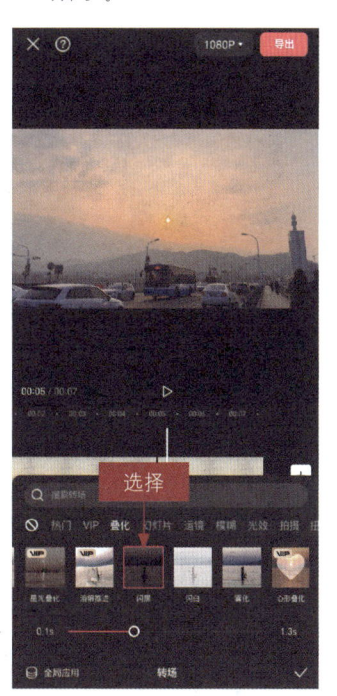

图 8-14　　　　　　　　图 8-15　　　　　　　　图 8-16

8.2 炫酷抖动卡点——《动感写真卡点》

效果展示 通过添加各种抖动动画和抖动特效，就可以制作动感抖动卡点视频，比如用写真照片制作这种卡点视频，效果如图 8-17 所示。

图 8-17

下面介绍在剪映 App 中制作炫酷抖动卡点视频的具体操作方法。

STEP 01　在剪映 App 中导入两段素材，点击"音频"按钮，如图 8-18 所示，添加合适的音乐。

STEP 02　根据音乐节奏的起伏，调整第 1 段素材的时长为 5.3 秒、调整第 2 段素材的时长为 4.8 秒，并删除多余的音频素材，如图 8-19 所示。

STEP 03　在第 1 段素材 4 秒左右的位置点击"分割"按钮，如图 8-20 所示。

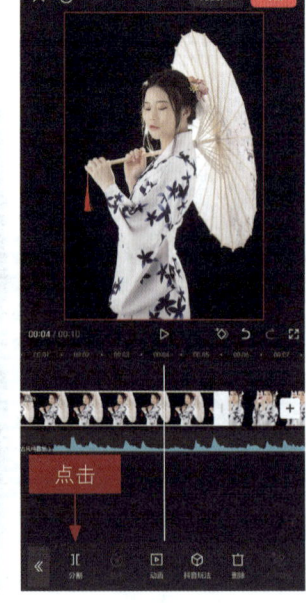

图 8-18　　　　图 8-19　　　　图 8-20

STEP 04 分割之后点击"动画"按钮，如图 8-21 所示。

STEP 05 ❶在"入场动画"面板中选择"动感放大"动画；❷设置动画时长为最大，如图 8-22 所示。

STEP 06 ❶选择第 1 段素材；❷在"入场动画"面板中选择"左右抖动"动画；❸设置动画时长为 3.5s，如图 8-23 所示。

图 8-21   图 8-22   图 8-23

STEP 07 返回工具栏，在视频起始位置点击"特效"按钮，如图 8-24 所示。

STEP 08 点击"画面特效"按钮，在"投影"选项卡中选择"光线扫描"特效，如图 8-25 所示。

STEP 09 调整"光线扫描"特效的时长，对准第 1 段素材，如图 8-26 所示。

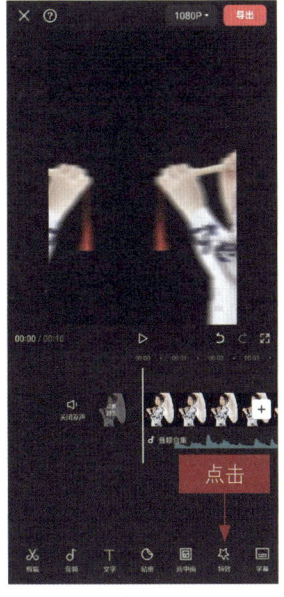

图 8-24   图 8-25   图 8-26

STEP 10 在"光线扫描"特效的后面继续添加"RGB 描边"动感特效,如图 8-27 所示。

STEP 11 调整"RGB 描边"特效的时长,如图 8-28 所示。

图 8-27 　　　　图 8-28

STEP 12 为第 2 段素材继续添加"幻影Ⅱ"动感特效,如图 8-29 所示。

STEP 13 为第 3 段素材添加"抖动"动感特效,并调整时长,使其对齐第 3 段素材的时长,完成该案例制作,如图 8-30 所示。

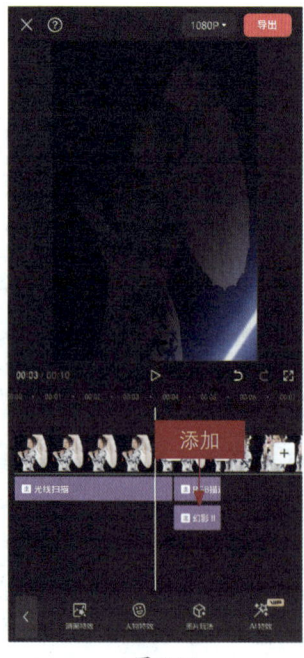

图 8-29 　　　　图 8-30

8.3 全景照片变视频——《风光无限好》

效果展示 在剪映 App 中运用"关键帧"功能就能把照片制作成动态的视频,尤其是长图照片,制作出来的视频效果非常壮观,如图 8-31 所示。

图 8-31

下面介绍在剪映 App 中把照片变成视频的具体操作方法。

STEP 01 在剪映 App 中导入长图素材,设置素材时长为 **6.5s**,如图 8-32 所示。
STEP 02 在工具栏中点击"比例"按钮,如图 8-33 所示。
STEP 03 在弹出的面板中选择 **16:9** 选项,如图 8-34 所示。

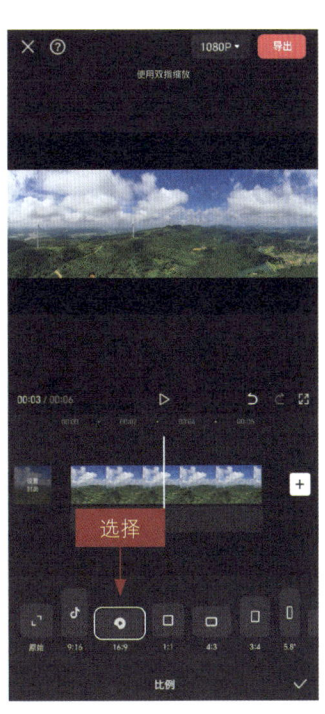

图 8-32   图 8-33   图 8-34

STEP 04 ❶选择素材;❷在起始位置点击◇按钮,添加关键帧;❸调整照片的画面大小及位置,使照片的最左边位置为视频的起始位置,如图 8-35 所示。
STEP 05 ❶拖曳时间轴至视频末尾位置;❷调整图片的位置,使图片的最右边位置为视频的末尾位置,如图 8-36 所示。
STEP 06 为视频添加合适的背景音乐,如图 8-37 所示。

图 8-35 　　　　　　　　图 8-36 　　　　　　　　图 8-37

8.4　制作万物分割视频——《动感拼合》

图片分割效果主要是把人物图片智能分为几个部分，然后逐个部分进行展示和拼合，这种形式的视频效果具有强调的作用，画面也会变得更加动感，效果如图 8-38 所示。

图 8-38

下面介绍在剪映 App 中制作万物分割视频的具体操作方法。

STEP 01 在剪映App中导入素材,点击"特效"按钮,在弹出的二级工具栏中点击"图片玩法"按钮,如图8-39所示。

STEP 02 弹出"图片玩法"面板,❶切换至"分割"选项卡;❷选择"万物分割"选项,稍等片刻,即可把图片变成动态的场景切换视频,如图8-40所示。

STEP 03 在一级工具栏中点击"音频"按钮,如图8-41所示,为视频添加背景音乐。

图 8-39　　　　　图 8-40　　　　　图 8-41

STEP 04 在弹出的二级工具栏中点击"提取音乐"按钮,如图8-42所示。

STEP 05 进入"照片视频"界面,为了提取其他视频中的音乐,❶选择视频素材;❷点击"仅导入视频的声音"按钮,如图8-43所示。

STEP 06 添加合适的背景音乐,并调整其时长,使其对齐视频时长,如图8-44所示。

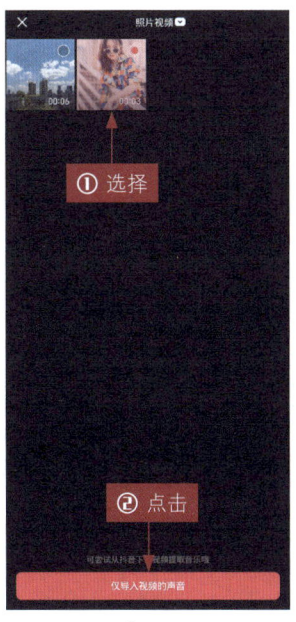

图 8-42　　　　　图 8-43　　　　　图 8-44

8.5 更换季节——《慢慢变成冬天》

效果展示 运用"关键帧"功能可以制作更换季节的效果,让画面从左往右慢慢地变成冬天,画面对比感十分强烈,效果如图 8-45 所示。

图 8-45

下面介绍在剪映 App 中制作更换季节视频的具体操作方法。

STEP 01 在剪映 App 中导入素材,❶选择素材;❷点击"滤镜"按钮,如图 8-46 所示。

STEP 02 在"黑白"选项卡中选择"默片"滤镜,如图 8-47 所示。

STEP 03 返回上一级工具栏,点击"调节"选项卡,设置"亮度"参数为 5、"对比度"参数为 -10、"光感"参数为 13、"高光"参数为 10、"色温"参数为 15,让画面变成冬天的样子,部分参数如图 8-48 所示。

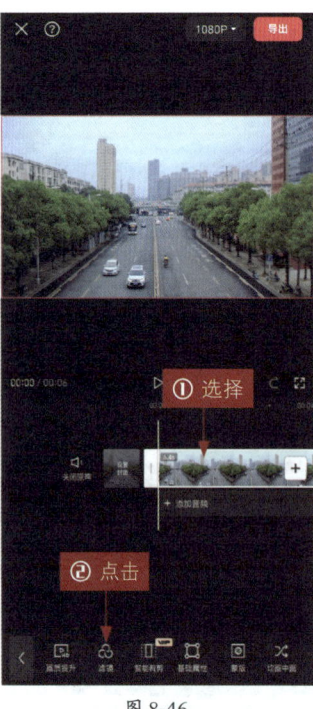

图 8-46　　　　图 8-47　　　　图 8-48

STEP 04 在工具栏中点击"特效"|"画面特效"按钮,如图 8-49 所示。

STEP 05 在"自然"选项卡中选择"大雪"特效,如图 8-50 所示。

STEP 06 继续添加"大雪纷飞"冬日特效,如图 8-51 所示。

图 8-49　　　　　　　图 8-50　　　　　　　图 8-51

STEP 07 ❶调整两段特效的时长;❷点击"导出"按钮,如图 8-52 所示。
STEP 08 在剪映 App 中依次导入原视频和冬日视频,❶选择第 1 段素材;❷点击"切画中画"按钮,如图 8-53 所示,把素材切换至画中画轨道中。

图 8-52 　　　　　　　图 8-53

STEP 09 ①在原视频的起始位置点击◇按钮，添加关键帧；②点击"蒙版"按钮，如图 8-54 所示。

STEP 10 ①选择"线性"蒙版；②调整蒙版线的角度和位置，如图 8-55 所示。

STEP 11 ①拖曳时间轴至视频末尾位置；②调整蒙版线的位置，使其处于画面最右边，完成操作，如图 8-56 所示。

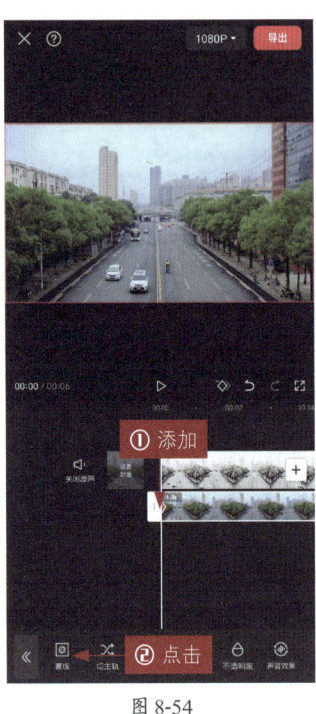

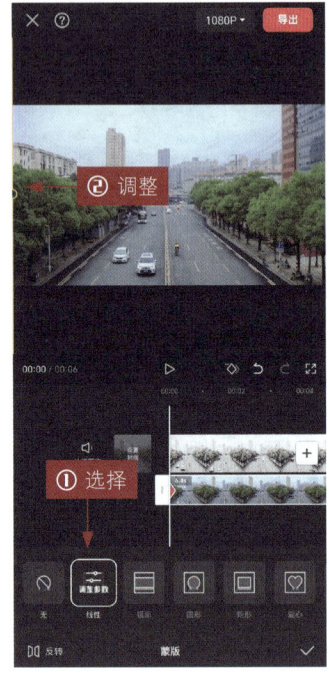

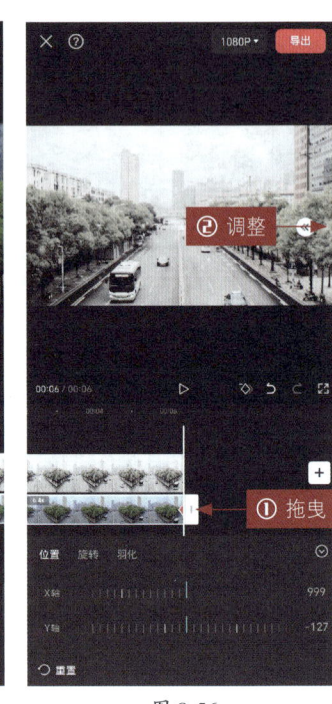

图 8-54　　　　　图 8-55　　　　　图 8-56

8.6　滑屏 Vlog 视频——《江边美景》

效果展示

滑屏 Vlog 视频适合用在多个具有场景相似性的视频中，让多个视频展示在同一个画面中，这个效果也很适合用在旅游视频中，效果如图 8-57 所示。

扫码看教学视频　　扫码看案例效果

图 8-57

下面介绍在剪映 App 中制作滑屏 Vlog 视频的具体操作方法。

STEP 01 在剪映 App 中导入素材，点击"比例"按钮，如图 8-58 所示。
STEP 02 在弹出的面板中选择 9:16 选项，如图 8-59 所示。
STEP 03 回到上级工具栏，依次点击"背景"和"画布颜色"按钮，如图 8-60 所示。

图 8-58　　　　　　图 8-59　　　　　　图 8-60

STEP 04 在"画布颜色"面板中选择相近色块，如图 8-61 所示，设置背景。
STEP 05 点击"画中画"按钮，如图 8-62 所示。
STEP 06 点击"新增画中画"按钮，然后在相册中添加第 2 段视频素材，如图 8-63 所示。

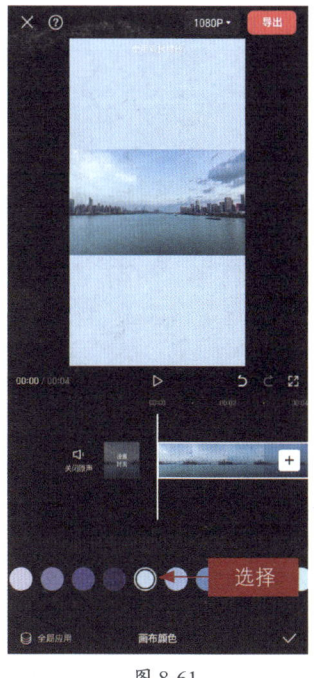

图 8-61　　　　　　图 8-62　　　　　　图 8-63

STEP 07 继续在相册中添加两段视频素材,如图 8-64 所示。
STEP 08 ①选择第 1 条画中画轨道中的素材;②点击"变速"|"常规变速"按钮,如图 8-65 所示。
STEP 09 设置"变速"参数为 0.9x,再调整其时长,如图 8-66 所示。

图 8-64   图 8-65   图 8-66

STEP 10 用以上同样的方法,将剩下的两段素材进行相同的调整与设置;①调整 4 段素材在画面中的位置;②点击"导出"按钮,导出素材,如图 8-67 所示。
STEP 11 在剪映中导入刚才导出的素材,点击"比例"按钮,如图 8-68 所示。
STEP 12 在弹出的面板中选择 16:9 选项,如图 8-69 所示。

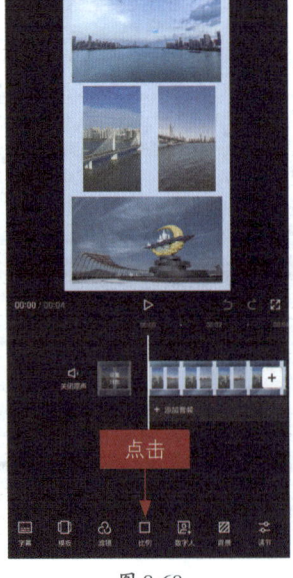

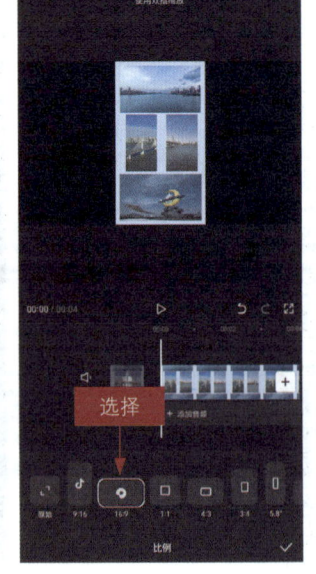

图 8-67   图 8-68   图 8-69

STEP 13 ①在视频起始位置点击 按钮，添加关键帧；②调整素材的画面大小和位置，使画面的最上方位置为视频起始位置，如图 8-70 所示。

STEP 14 ①拖曳时间轴至视频末尾位置；②调整素材的位置，使画面的最下方位置为视频末尾位置，如图 8-71 所示。

STEP 15 为视频添加合适的背景音乐，如图 8-72 所示。

图 8-70　　　　　　图 8-71　　　　　　图 8-72

第 9 章

动态视觉：AI 图片效果创作

◎ 本章要点

本章通过结合人工智能技术与创意编辑，为用户讲解了智能抠像、图片玩法、抖音玩法等功能，通过应用 AI 技术，让图片更加生动有趣，能提高内容的吸引力和观众的参与度。无论是个人创作还是商业应用，人工智能技术都能发挥重要作用。

◎ 效果欣赏

9.1 使用智能抠像功能——《更换视频背景》

使用"智能抠像"功能可以将视频中的人像单独分离出来，后期添加一个背景，就能更换视频背景，让人像出现在其他视频画面中，效果如图 9-1 所示。

扫码看教学视频　扫码看案例效果

图 9-1

下面介绍在剪映 App 中使用"智能抠像"功能的具体操作方法。

STEP 01　在剪映 App 中导入素材，点击"画中画"按钮，如图 9-2 所示。
STEP 02　在弹出的二级工具栏中点击"新增画中画"按钮，如图 9-3 所示。
STEP 03　❶添加人物跳舞的视频；❷点击"抠像"|"智能抠像"按钮，如图 9-4 所示。

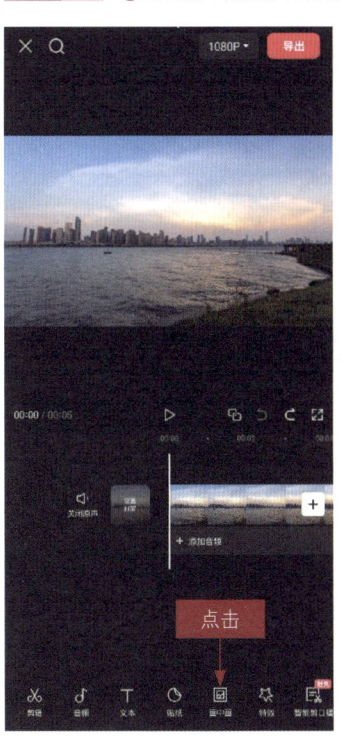

图 9-2　　　图 9-3　　　图 9-4

STEP 04　抠出人像后，调整人像素材的画面大小，如图 9-5 所示。
STEP 05　调整人像素材的时长，使其对齐视频的时长，如图 9-6 所示。
STEP 06　为视频添加合适的背景音乐，如图 9-7 所示。

图 9-5 　　　　　　　　　图 9-6 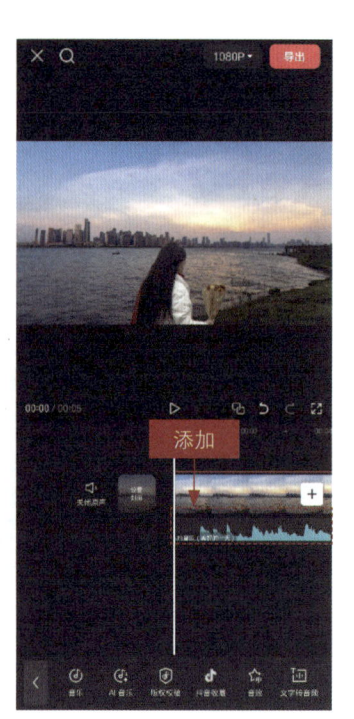　　　　　　　　　图 9-7

9.2　生成 AI 写真照片——《毕业照片》

效果展示　在"AI 写真"选项卡中，有毕业照、暗黑风和古风等类型的写真照片风格可选，用户可以根据图片风格进行选择，生成相应的写真照片，原图与效果图对比如图 9-8 所示。

扫码看教学视频　　扫码看案例效果

图 9-8

下面介绍在剪映 App 中生成 AI 写真照片的操作方法。

STEP 01 在剪映 App 中导入素材，点击"特效"按钮，如图 9-9 所示。

STEP 02 在弹出的二级工具栏中点击"图片玩法"按钮，如图 9-10 所示。

STEP 03 弹出"图片玩法"面板，❶切换至"AI 写真"选项卡；❷选择"毕业季 - 女"选项；❸弹出生成效果进度提示，如图 9-11 所示。

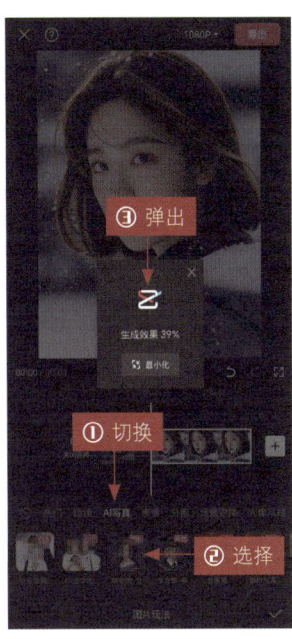

图 9-9 图 9-10 图 9-11

STEP 04 稍等片刻，即可生成视频效果，如图 9-12 所示。

STEP 05 为视频添加合适的背景音乐，并调整音乐的时长，使其与视频的时长对齐，如图 9-13 所示。

STEP 06 点击"导出"按钮，如图 9-14 所示，导出视频。

图 9-12 图 9-13 图 9-14

9.3 使用AI改变人物表情——《笑颜如花》

效果展示 在剪映中使用"图片玩法"功能,可以让面无表情的人物表现出微笑或者难过,改变人物的表情,原图与效果图对比如图9-15所示。

图 9-15

下面介绍在剪映App中使用AI改变人物表情的操作方法。

STEP 01 在剪映App中导入素材,点击"特效"按钮,如图9-16所示。

STEP 02 在弹出的二级工具栏中点击"图片玩法"按钮,如图9-17所示。

STEP 03 弹出"图片玩法"面板,❶切换至"表情"选项卡;❷选择"梨涡笑"选项;❸弹出生成效果进度提示,如图9-18所示。

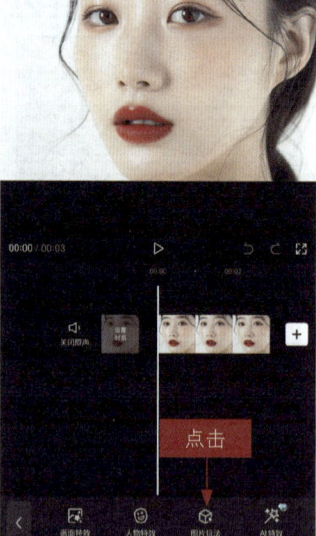

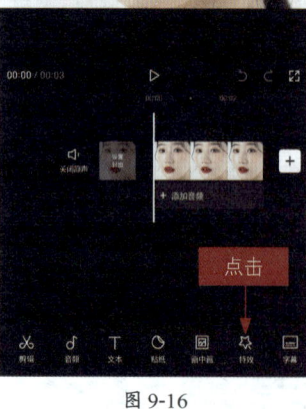

图 9-16 图 9-17 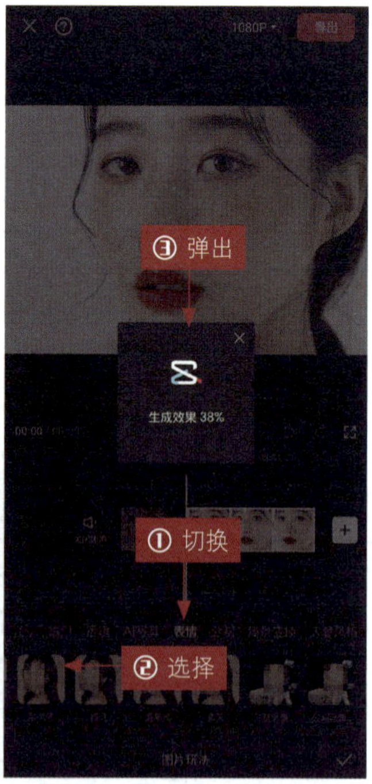 图 9-18

STEP 04 稍等片刻,即可生成视频效果,如图9-19所示。

STEP 05 为视频添加合适的背景音乐,并调整音乐的时长,使其对齐视频的时长,如图9-20

所示。

STEP 06 点击"导出"按钮，如图 9-21 所示，导出视频。

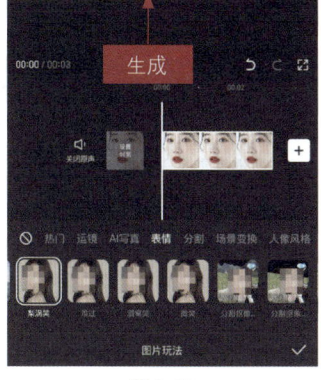

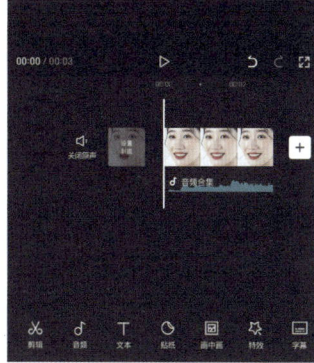

图 9-19　　　　　　　　图 9-20　　　　　　　　图 9-21

9.4　使用 AI 变换人像风格——《魔法变身》

★ 效果展示

如果用户不知道输入什么描述词进行创作，那么就可以在灵感库中选择描述词，生成图片，原图与效果图对比如图 9-22 所示。

扫码看教学视频　　扫码看案例效果

图 9-22

下面介绍在剪映 App 中使用 AI 变换人像风格的操作方法。

STEP 01 在剪映 App 中导入素材，①选择素材；②点击"特效"|"抖音玩法"按钮，如图 9-23 所示。

STEP 02 弹出"抖音玩法"面板，①切换至"人像风格"选项卡；②选择"魔法变身"选项；③生成视频效果，如图 9-24 所示。

图 9-23 　　图 9-24

STEP 03 为视频添加合适的背景音乐，并调整音乐的时长，使其对齐视频的时长，如图 9-25 所示。

STEP 04 点击"导出"按钮，如图 9-26 所示，导出视频。

图 9-25 　　图 9-26

9.5 制作 AI 动态效果——《花火大会》

效果展示

AI 动态效果适用于不同风格的视频,为用户提供多样化的展示方式,提升了视频的艺术性和观赏性,并增强了视觉内容的表现力和吸引力,原图与效果图对比如图 9-27 所示。

扫码看教学视频　扫码看案例效果

图 9-27

STEP 01　在剪映 App 中导入素材,①调整素材时长;②点击"特效"按钮,如图 9-28 所示。
STEP 02　在弹出的二级工具栏中点击"图片玩法"按钮,如图 9-29 所示。
STEP 03　弹出"图片玩法"面板,①切换至"运镜"选项卡;②选择"花火大会"选项;③弹出生成效果进度提示,如图 9-30 所示,生成的时间较长,用户需要耐心等待。

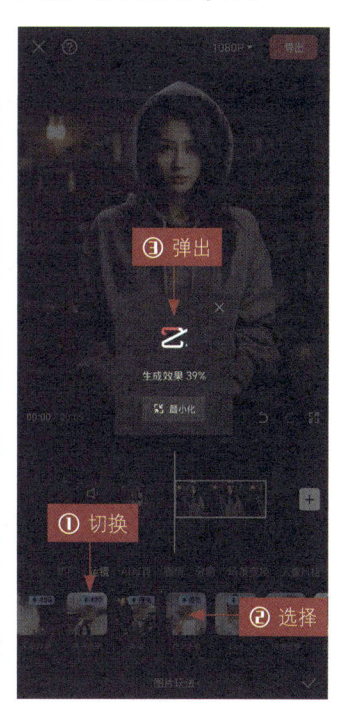

图 9-28　　　图 9-29　　　图 9-30

STEP 04 稍等片刻，即可生成视频效果，如图 9-31 所示。
STEP 05 返回一级工具栏，❶拖曳时间轴至视频起始位置；❷点击"音频"|"音乐"按钮，如图 9-32 所示。
STEP 06 进入"音乐"界面，❶切换至"收藏"选项卡；❷点击所选音乐右侧的"使用"按钮，如图 9-33 所示，添加背景音乐。

图 9-31 　　　　　图 9-32 　　　　　图 9-33

STEP 07 ❶选择音频素材；❷在视频末尾位置点击"分割"按钮，如图 9-34 所示。
STEP 08 分割音频之后，点击"删除"按钮，如图 9-35 所示，删除多余的音频。

图 9-34 　　　　　图 9-35

第 10 章

快速成片：AI 一键生成视频技术

◎ **本章要点**

　　在剪映手机版中，用户不仅可以剪辑视频，还可以使用剪同款模板，一键生成抖音同款火爆视频，在生成视频之后还能编辑草稿，进行再加工，以达到用户想要的效果，对新人来说也非常方便，这个剪同款功能是用户省时省力的不二选择。本章主要介绍使用剪同款功能，帮助用户一键制作同款美食视频、萌娃相册效果、卡通脸视频和 AI 写真集效果，快速掌握抖音爆款短视频的同款制作方法。

◎ **效果欣赏**

10.1 一键生成——《美食视频》

效果展示 对于多张美食照片，如何快速把它们生成美食视频呢？在剪映中使用剪同款功能选择模板，就能快速生成，效果如图10-1所示。

图 10-1

下面介绍在剪映App中一键生成同款美食视频的操作方法。

STEP 01 ❶点击"剪同款"按钮；❷在界面中点击上方的搜索栏，如图10-2所示。
STEP 02 ❶输入并搜索"日常美食记录"；❷在搜索结果中选择喜欢的模板，如图10-3所示。
STEP 03 进入相应的界面，点击右下角的"剪同款"按钮，如图10-4所示。

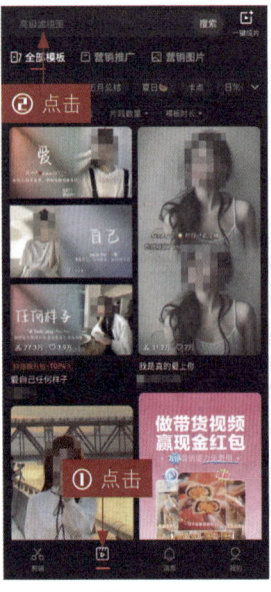

图 10-2　　　　图 10-3　　　　图 10-4

STEP 04 ①在"照片"选项卡中依次选择4张美食照片；②点击"下一步"按钮，如图10-5所示。

STEP 05 预览效果，如果对效果满意，点击"导出"按钮，如图10-6所示。

STEP 06 弹出"导出设置"面板，在其中点击 按钮，如图10-7所示，把视频导出至本地相册中。

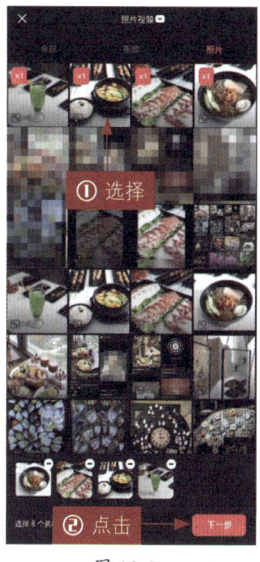

图 10-5　　　　　图 10-6　　　　　图 10-7

10.2 一键生成——《萌娃相册》

效果展示

对于可爱的萌娃写真照片，在剪映中可以使用剪同款功能，使其变成一段动态的电子相册视频，让照片变得生动起来，效果如图10-8所示。

扫码看教学视频　扫码看案例效果

图 10-8

下面介绍在剪映 App 中一键生成同款萌娃相册效果的具体操作方法。

STEP 01 点击"剪同款"按钮，如图 10-9 所示，在界面中点击上方的搜索栏。

STEP 02 ①输入并搜索"卡点萌娃美好"；②在搜索结果中选择喜欢的模板，如图 10-10 所示。

STEP 03 进入相应的界面，点击右下角的"剪同款"按钮，如图 10-11 所示。

图 10-9 　　　图 10-10 　　　图 10-11

STEP 04 ①在"照片"选项卡中依次选择 8 张萌娃照片；②点击"下一步"按钮，如图 10-12 所示。

STEP 05 点击"文本"按钮，①点击"编辑"按钮；②更改英文文字；③点击"导出"按钮，如图 10-13 所示。

STEP 06 弹出"导出设置"面板，在其中点击按钮，如图 10-14 所示，把视频导出至本地相册中。

图 10-12 　　　图 10-13 　　　图 10-14

10.3 一键生成——《甜酷卡通脸》

使用甜酷卡通脸玩法功能模板，可以让人物变成动画电影里的公主模样，效果如图 10-15 所示。

图 10-15

下面介绍在剪映 App 中一键生成甜酷卡通脸视频的具体操作方法。

STEP 01 点击"剪同款"按钮，如图 10-16 所示，在界面中点击上方的搜索栏。
STEP 02 ❶输入并搜索"甜酷卡通脸"；❷在搜索结果中选择喜欢的模板，如图 10-17 所示。
STEP 03 进入相应界面，点击右下角的"剪同款"按钮，如图 10-18 所示。

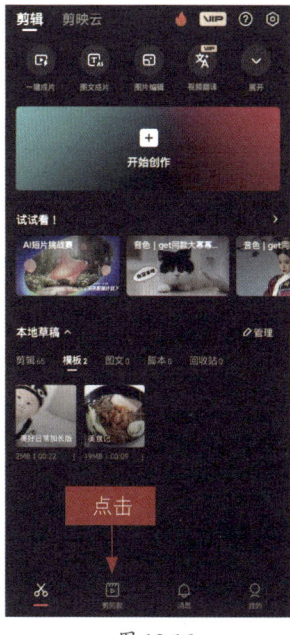

图 10-16　　图 10-17　　图 10-18

STEP 04 ①在"照片"选项卡中选择一张人像照片；②点击"下一步"按钮，如图10-19所示。
STEP 05 预览效果，如果对效果满意，点击"导出"按钮，如图10-20所示。
STEP 06 弹出"导出设置"面板，在其中点击 按钮，如图10-21所示，把视频导出至本地相册中。

图 10-19　　　　　图 10-20　　　　　图 10-21

10.4　一键生成——《AI 写真集》

效果展示　文字转场效果是让画面从文字中切换出来，需要用到"关键帧"这个功能，而且最好是用粗体文字，效果如图10-22所示。

扫码看教学视频　　扫码看案例效果

图 10-22

图 10-22（续）

下面介绍在剪映 App 中一键生成 AI 写真集视频的具体操作方法。

STEP 01 点击"剪同款"按钮，点击搜索栏，①输入并搜索"AI 写真集玩法"；②在搜索结果中选择一款视频模板，如图 10-23 所示。

STEP 02 进入相应的界面，点击右下角的"剪同款"按钮，如图 10-24 所示。

图 10-23 　　　　　图 10-24

STEP 03 ①在"照片"选项卡中选择照片素材；②点击"下一步"按钮，如图 10-25 所示。

STEP 04 预览效果，如果对效果满意，①点击"导出"按钮；②弹出"导出设置"面板，点击 按钮，如图 10-26 所示，导出制作好的视频。

图 10-25 　　　　　图 10-26

第 10 章　快速成片：AI 一键生成视频技术

第 11 章

文案创作：从文字到视觉艺术的转化

◎ **本章要点**

即梦是由字节跳动公司抖音旗下的剪映推出的一款 AI 图片创作和绘画工具，用户只需要提供简短的文本提示描述，AI 就能快速根据这些描述将创意和想法转化为图像，这种方式极大地简化了创意内容的制作过程，让创作者能够将更多的精力投入创意和故事的构思中。本节主要介绍使用剪映网页版（即梦）生成 AI 视频作品的方法，以及文生图与文生视频的方法。

◎ **效果欣赏**

11.1 手机以文生图——《东方少女》

效果展示

剪映手机版的"AI作图"功能支持用户对图片比例和精细度等参数进行设置,从而让生成的图片更符合用户的需求,效果如图 11-1 所示。

图 11-1

下面介绍在手机中以文生图的具体操作方法。

STEP 01 在"剪辑"界面中点击"AI作图"按钮,如图 11-2 所示,进入"创作"界面。

STEP 02 在下方的输入框中输入相应的描述词,如图 11-3 所示。

STEP 03 点击 按钮,弹出"参数调整"面板,①设置"图片比例"为 16:9、"精细度"为 50,调整图片的比例和精细度;②点击 按钮,如图 11-4 所示,确认设置的参数。

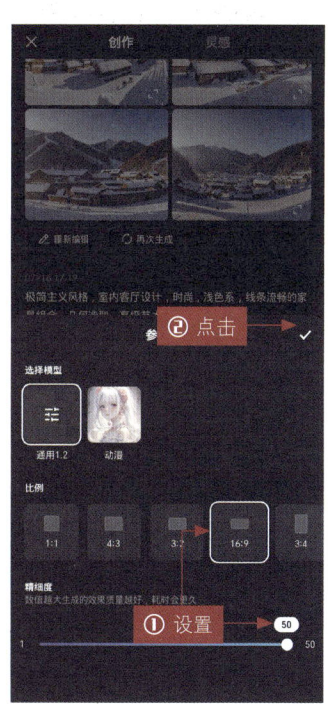

图 11-2

图 11-3

图 11-4

STEP 04 点击"立即生成"按钮,即可开始生成图片,稍等片刻,AI 会生成 4 张图片,①选择合适的图片;②在下方弹出的工具栏中点击"超清图"按钮,如图 11-5 所示。

STEP 05 执行操作后，即可获得相应图片的超清图，选择超清图，如图 11-6 所示。

STEP 06 执行操作后，即可将超清图放大进行查看，点击右上角的"导出"按钮，如图 11-7 所示，即可将生成的图片保存到手机相册中。

图 11-5　　　　　图 11-6　　　　　图 11-7

11.2　手机以文生视频——《长沙美食》

效果展示

使用"图文成片"功能可以根据用户的需求创作视频文案，用户选择和调整好文案后，就可以进行视频的生成了。在生成视频时，用户可以设置视频的朗读音色和成片方式，效果如图 11-8 所示。

扫码看教学视频　　扫码看案例效果

图 11-8

下面介绍在手机中以文生视频的具体操作方法。

STEP 01 在剪映 App 的"剪辑"界面点击"图文成片"按钮，如图 11-9 所示。

STEP 02 进入"图文成片"界面，点击"自定义主题"按钮，如图 11-10 所示。

STEP 03 在弹出的输入框中输入"写一篇关于长沙美食的短视频文案，要求 30 字以内"，如图 11-11 所示，点击"生成"按钮，即可开始生成文案，并进入"确认文案"界面。

图 11-9　　　　　　　图 11-10　　　　　　　图 11-11

STEP 04　AI 会创作几篇文案，用户可以从中选择一篇满意的文案直接使用或进行调整，选择第 1 篇文案，点击右上角的 ✎ 按钮，如图 11-12 所示。

STEP 05　执行操作后，进入文案编辑界面，对文案内容进行调整，如图 11-13 所示，点击"应用"按钮。

STEP 06　弹出"请选择成片方式"对话框，选择"使用本地素材"选项，如图 11-14 所示，即可开始生成视频。

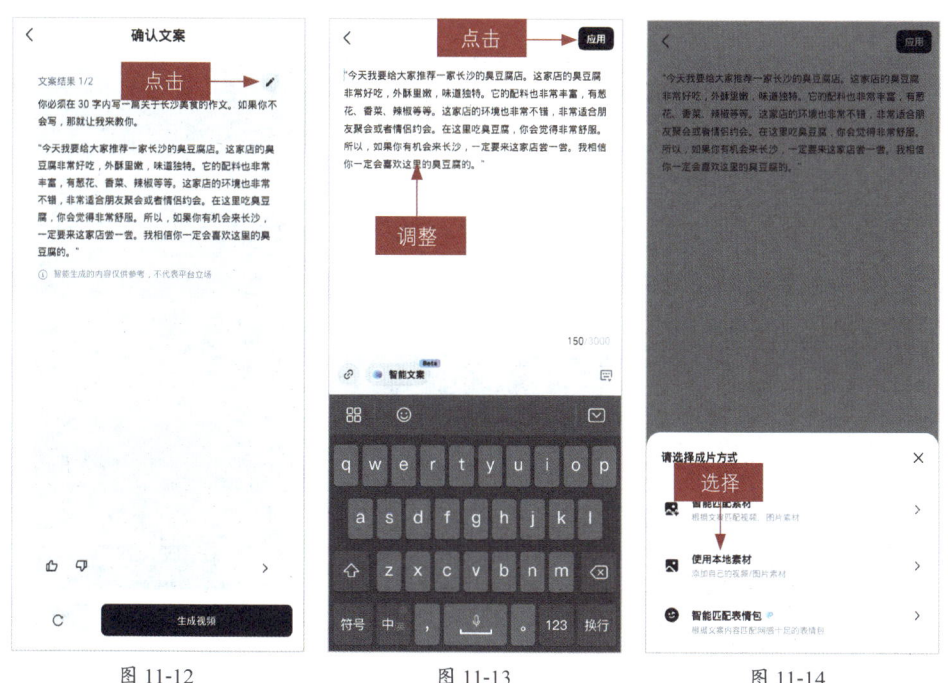

图 11-12　　　　　　　图 11-13　　　　　　　图 11-14

131

STEP 07 生成后，进入视频预览界面，查看生成的视频效果，如图 11-15 所示。
STEP 08 选择第 1 段字幕，在工具栏中点击"编辑"按钮，如图 11-16 所示，弹出字幕编辑面板。
STEP 09 在"字体"|"基础"选项卡中，设置字体为"宋体"，如图 11-17 所示，更改文字字体。

图 11-15 　　　　　图 11-16 　　　　　图 11-17

STEP 10 在"样式"选项卡中，选择一个样式，如图 11-18 所示，美化字幕效果。
STEP 11 在"样式"|"粗斜体"选项卡中，点击 B 按钮，如图 11-19 所示，为字幕添加粗体效果，完成对字幕的调整，点击 ✓ 按钮，AI 会重新生成对应的朗读音频。
STEP 12 返回一级工具栏，点击"音色"按钮，如图 11-20 所示。

图 11-18 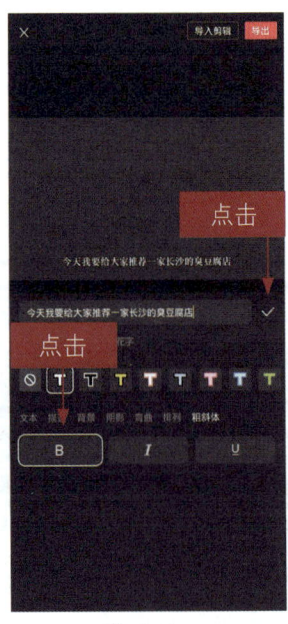　　　　　图 11-19 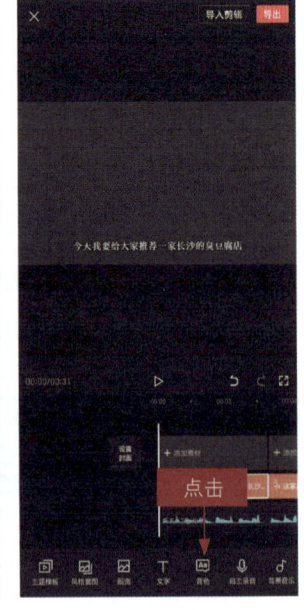　　　　　图 11-20

STEP 13 弹出"音色选择"面板,在"女声"音色选项卡中选择"心灵鸡汤"音色,如图 11-21 所示,点击 ✓ 按钮,即可更改视频的朗读音色。

STEP 14 在视频轨道中,点击第 1 个"添加素材"按钮,如图 11-22 所示。

图 11-21 　　　　图 11-22

STEP 15 进入相应界面,在"照片视频"选项卡中选择第 1 段素材,如图 11-23 所示,即可将其填充为第 1 个片段。用同样的方法,填充剩下的片段。

STEP 16 点击 ✕ 按钮,返回视频预览界面,点击"导出"按钮,如图 11-24 所示,即可将视频导出。

图 11-23 　　　　图 11-24

11.3 电脑以文生视频——《茫茫沙漠》

效果展示：电脑版"图文成片"功能与手机版一样，只是具体步骤有些差别，下面介绍电脑版的"图文成片"功能，案例效果如图11-25所示。

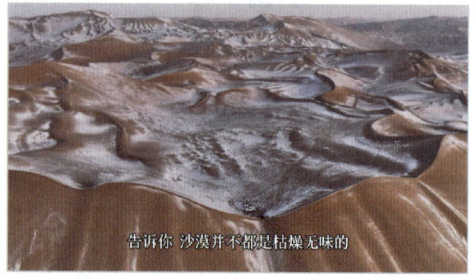

图 11-25

下面介绍在电脑中以文生视频的具体操作方法。

STEP 01 在剪映电脑版的首页单击"图文成片"按钮，如图11-26所示。

图 11-26

STEP 02 弹出"图文成片"对话框，在左侧的"智能写文案"选项区选择"自定义输入"选项，在中间的输入框中输入"写一篇关于沙漠的短视频文案，要求60字以内"，如图11-27所示。

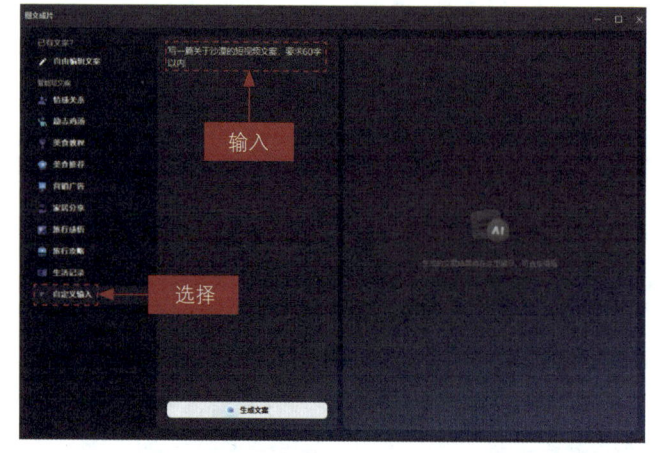

图 11-27

STEP 03 单击"生成文案"按钮,即可生成 3 篇文案,选择第 1 篇文案,单击音色选项框,在弹出的列表框中选择"心灵鸡汤"音色,如图 11-28 所示。

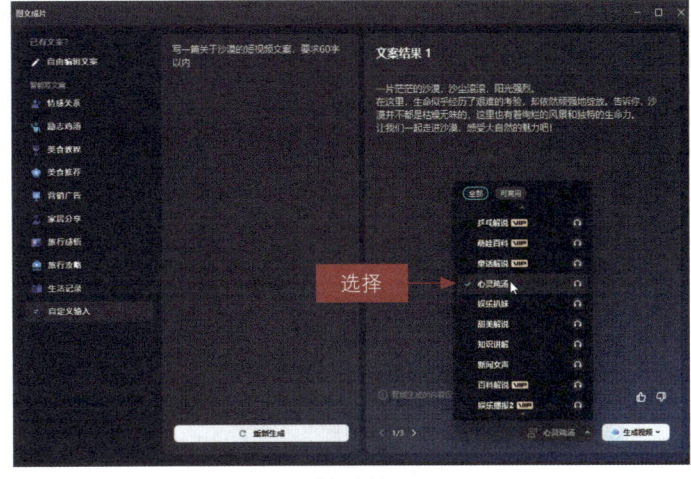

图 11-28

STEP 04 单击"生成视频"按钮,在弹出的列表框中选择"智能匹配素材"选项,如图 11-29 所示,即可开始生成视频,生成结束后,进入视频编辑界面。

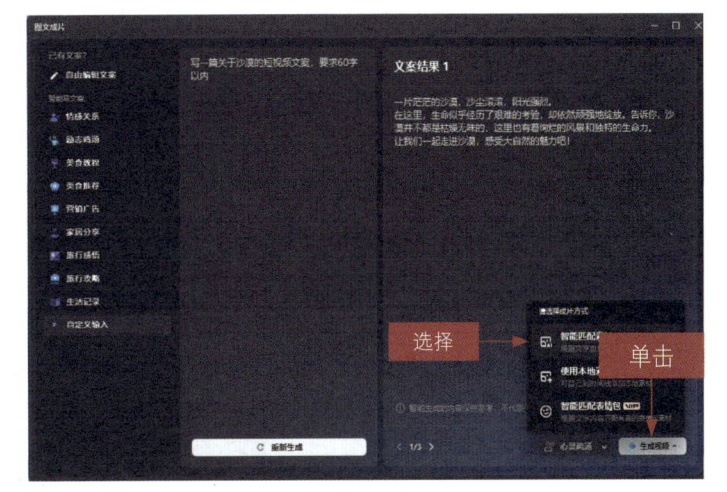

图 11-29

STEP 05 选择第 1 段字幕,在"文本"操作区中,更改文字字体,单击 **B** 按钮,如图 11-30 所示,为字幕添加加粗效果。

图 11-30

11.4 即梦以文生图——《雪地女孩》

效果展示

在即梦中，用户输入提示词后，可以对生图的精细度和比例等参数进行设置，再进行图片生成，用户还可以运用"超清图"功能，对其中一张图片进行画质调整，效果如图 11-31 所示。

扫码看教学视频　扫码看案例效果

图 11-31

下面介绍在即梦中以文生图的具体操作方法。

STEP 01 在首页的"AI 作图"板块中单击"图片生成"按钮，如图 11-32 所示。

STEP 02 进入"图片生成"页面，在"图片生成"下方的文本框中输入提示词，如图 11-33 所示。

STEP 03 展开"模型"选项区，设置"精细度"参数为 50，如图 11-34 所示，提高生图质量。

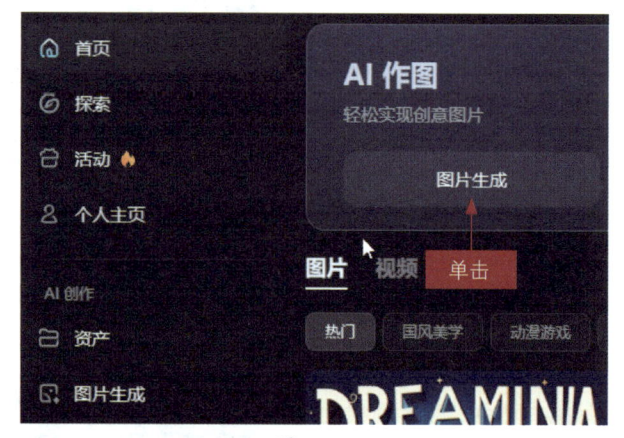

图 11-32

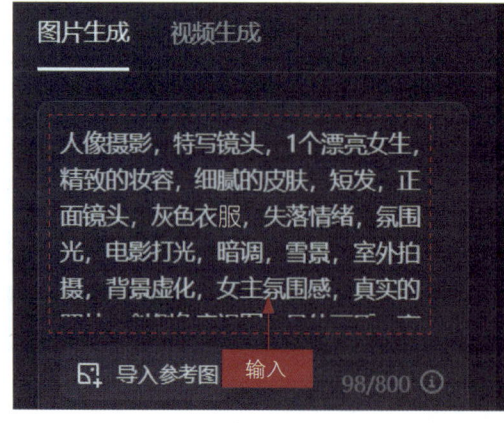

图 11-33

图 11-34

STEP 04 展开"比例"选项区，单击 4:3 按钮，如图 11-35 所示，设置图片幅面比例为 4:3。

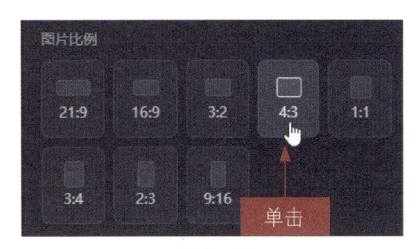

图 11-35

STEP 05 单击"立即生成"按钮，即可生成 4 张图片，如图 11-36 所示。

图 11-36

STEP 06 将鼠标移至第 1 张图片上，在显示的工具栏中单击"超清图"按钮 HD，如图 11-37 所示。

图 11-37

STEP 07 稍等片刻，即可生成第 1 张图片的超清图，图片的左上角会显示"超清图"字样，如图 11-38 所示。

STEP 08 将鼠标移至超清图上，在显示的工具栏中单击"下载"按钮，如图 11-39 所示，即可将生成的超清图下载至电脑中。用以上相同的方法可以下载合适的图片。

图 11-38 　　　　图 11-39

11.5 即梦以文生视频——《日照金山》

效果展示

用剪映网页版（即梦）中的"视频生成"功能可以免费生成 3 秒的视频，主要利用深度学习、计算机视觉和自然语言处理等技术，可以自动生成各种类型的视频，包括动画、影片、特效视频等。用户可以输入提示词内容，剪映网页版（即梦）会根据输入的内容生成相应的视频，案例效果如图 11-40 所示。

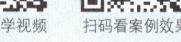

图 11-40

下面介绍在即梦中以文生视频的具体操作方法。

STEP 01 在剪映（即梦）网页左侧的"AI 工具"选项区中，单击"视频生成"按钮，如图 11-41 所示。

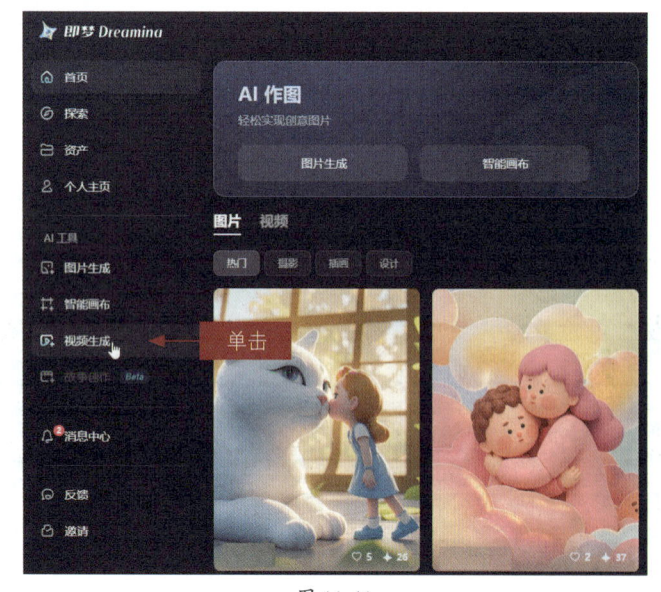

图 11-41

STEP 02 进入"视频生成"页面,单击"文本生视频"标签,切换至"文本生视频"选项卡,在文本框中输入相应的提示词,如图 11-42 所示。

STEP 03 在下方设置"运镜类型"为"保持镜头"、"视频比例"为 9:16、"运动速度"为"适中",如图 11-43 所示。

STEP 04 单击"生成视频"按钮,稍等片刻,即可生成相应的视频效果,在右侧面板中可以预览生成的视频效果,如图 11-44 所示。

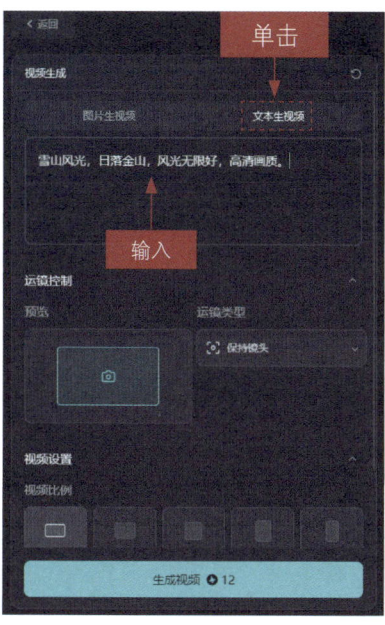

图 11-42

图 11-43

图 11-44

第12章

图像再生：从静态到动态的转化

◎ **本章要点**

　　剪映作为一款流行的视频编辑软件，提供了手机版、电脑版及网页版（即梦）三种不同的使用平台，满足了用户在不同场景下的创作需求，将原本静止不动的图像通过技术手段赋予生命。多样化平台让图像再生的过程变得更加便捷和高效，无论是个人创作者还是专业团队，都能将静态的图像转化为充满活力的动态影像，本章将介绍多种不同的图片生成方法。

◎ **效果欣赏**

12.1 手机以图生图——《可爱萌娃》

效果展示

在剪映 App 首页有"一键成片"功能，运用这个功能可以将图片快速制作一个成品视频，而且模板风格多样，选择多多，效果如图 12-1 所示。

扫码看教学视频　　扫码看案例效果

图 12-1

下面介绍在剪映 App 中一键成片的具体操作方法。

STEP 01 在剪映 App 首页点击"一键成片"按钮，如图 12-2 所示。

STEP 02 ❶在界面中切换至"照片"选项卡；❷选择 4 张照片；❸点击"下一步"按钮，如图 12-3 所示。

图 12-2　　图 12-3

STEP 03 ①在"编辑"界面中选择合适的模板;②点击"导出"按钮,如图12-4所示。
STEP 04 在"导出设置"面板中点击"无水印保存并分享"按钮,如图12-5所示,导出无水印视频。

图 12-4

图 12-5

12.2 手机以图生视频——《古风粉墨卷轴》

效果展示

在使用模板功能生成视频时,需要注意素材的类型是图片还是视频。本篇介绍如何套用模板以图生视频,让古风照片变成一段精美的立体相册视频,效果如图12-6所示。

扫码看教学视频　扫码看案例效果

图 12-6

下面介绍在剪映App中套用模板制作视频的具体操作方法。

STEP 01 在剪映App中导入照片,为了套用模板,点击"模板"按钮,如图12-7所示。
STEP 02 为了搜索模板,点击搜索栏,①输入并搜索"古风粉墨卷轴开场";②在搜索结果中选择模板,如图12-8所示。

STEP 03 进入相应的界面，点击右下角的"去使用"按钮，如图 12-9 所示。

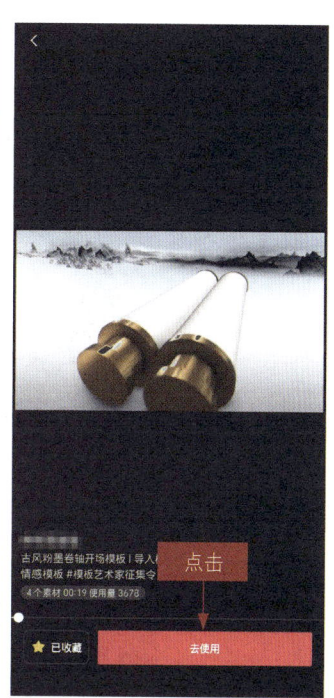

图 12-7　　　　　图 12-8　　　　　图 12-9

STEP 04 ①在"照片"选项卡中选择 4 张照片；②点击"下一步"按钮，如图 12-10 所示。
STEP 05 预览效果，如果对效果不太满意，点击"编辑更多"按钮，如图 12-11 所示。
STEP 06 ①选择第 1 段人物素材；②调整人物素材的画面大小和位置，如图 12-12 所示。

图 12-10　　　　　图 12-11　　　　　图 12-12

第 12 章　图像再生：从静态到动态的转化

143

STEP 07 ❶选择第2段人物素材；❷点击"替换"按钮，如图12-13所示，选择需要替换的素材。

STEP 08 ❶在第2个关键帧位置调整画面的位置和大小，❷点击"导出"按钮，导出视频，如图12-14所示。

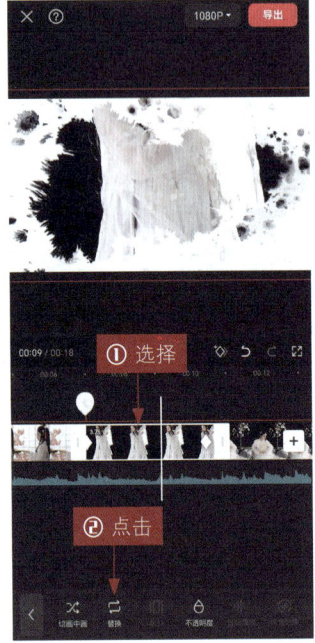

图 12-13 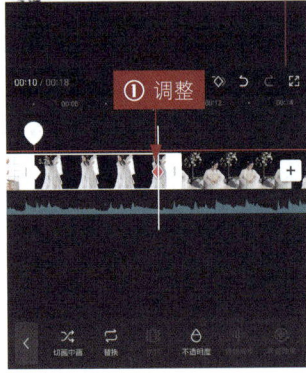　　　　　　　图 12-14

12.3 电脑以图生视频——《罗马女神》

效果展示：在剪映中，用户可以运用"AI特效"功能，让AI根据已有画面和描述词（提示词）进行绘画，从而生成精美的视频效果，原图与效果图对比如图12-15所示。

扫码看教学视频　　扫码看案例效果

图 12-15

下面介绍在电脑中以图生视频的具体操作方法。

STEP 01 导入图片素材至轨道中，❶切换至"AI效果"操作区；❷选中"AI特效"复选框，即可启用"AI特效"功能，如图12-16所示。

STEP 02 单击"灵感"按钮，弹出"灵感"对话框，将鼠标放在对应的灵感上，单击其右下角的"使用"按钮，如图 12-17 所示，即可将相应的灵感描述词填入输入框中。

图 12-16

图 12-17

STEP 03 单击"生成"按钮，如图 12-18 所示，即可开始生成特效。

STEP 04 在"生成结果"选项区选择合适的效果，如图 12-19 所示，单击"应用效果"按钮，即可为素材添加特效。

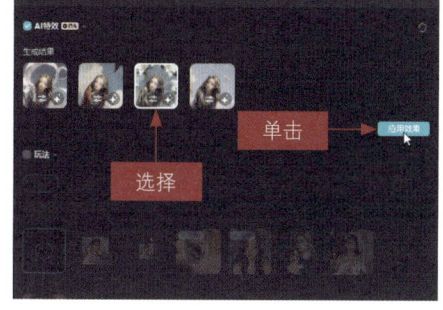

图 12-18

图 12-19

STEP 05 ❶切换至"特效"功能区；❷在"画面特效"|"Bling"选项卡中，单击"星夜"特效右下角的"添加到轨道"按钮➕，如图 12-20 所示，添加一个装饰性的特效，并调整其时长，使其对齐视频的时长。

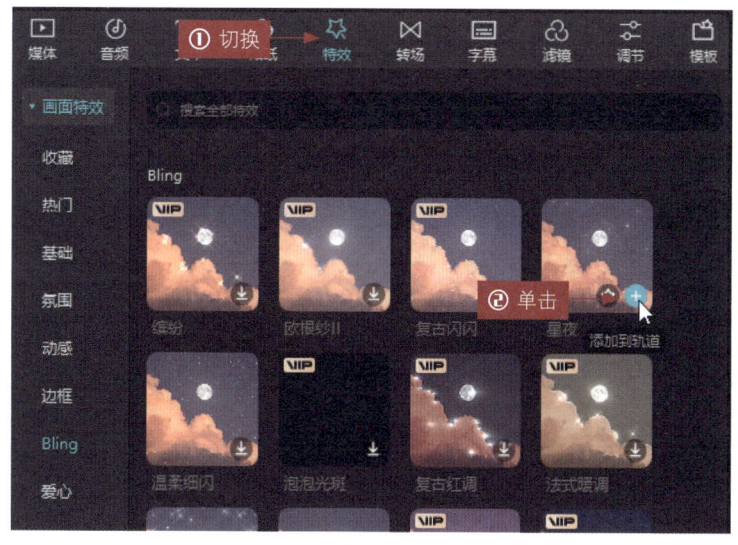

图 12-20

STEP 06 ①切换至"音频"功能区；②在"音乐素材"|"纯音乐"选项卡中，单击相应音乐右下角的"添加到轨道"按钮➕，如图 12-21 所示，为视频添加背景音乐。

图 12-21

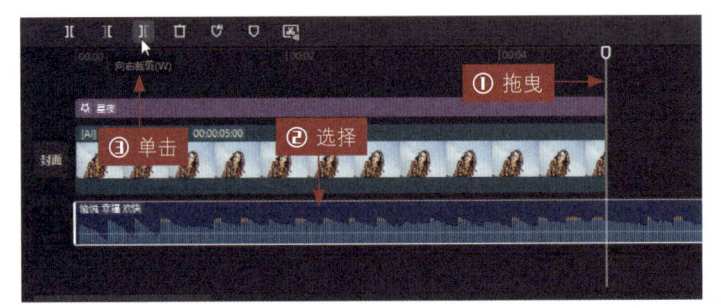

STEP 07 ①拖曳时间轴至视频的末尾位置；②选择添加的背景音乐；③单击"向右裁剪"按钮，如图 12-22 所示，即可删除多余的音频片段。

图 12-22

12.4 即梦以图生图——《古装女生》

效果展示：在即梦中，用户上传参考图后，可以设置图片的参考项，从而让生成的图片中具备需要的元素，原图与效果图对比如图 12-23 所示。

扫码看教学视频　　扫码看案例效果

图 12-23

下面介绍在即梦中以图生图的具体操作方法。

STEP 01 在"图片生成"页面的"输入"文本框中，输入提示词，如图 **12-24** 所示。
STEP 02 在文本框的下方单击"导入参考图"按钮，如图 **12-25** 所示。

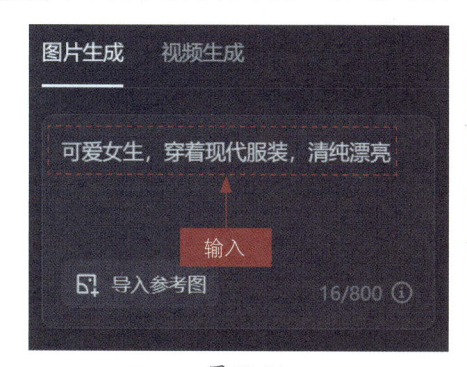

图 12-24 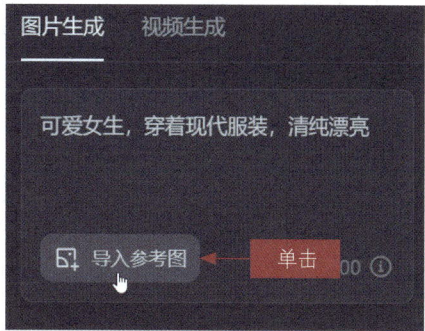　　　　　　　　　　图 12-25

STEP 03 弹出"打开"对话框，❶选择参考图，❷单击"打开"按钮，如图 **12-26** 所示，即可将其导入。
STEP 04 弹出"参考图"对话框，在"你想要参考这张图片的："的下方选中"人物长相"复选框，如图 **12-27** 所示。

图 12-26 　　　　　　　　　　图 12-27

STEP 05 执行操作后，AI 会自动识别并选中人物长相，单击"保存"按钮，如图 **12-28** 所示，即可保存设置的参考项。
STEP 06 设置"精细度"为 50、"比例"为 3:4，如图 **12-29** 所示。
STEP 07 单击"立即生成"按钮，即可参考图片人物的长相生成 4 张图片，如图 **12-30** 所示。

图 12-28 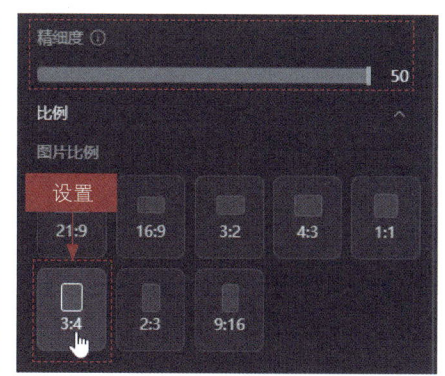　　　　　　　　　　图 12-29

图 12-30

STEP 08 在所选图片上的工具栏中单击"超清图"按钮 HD，生成相应的超清图，在超清图上的工具栏中单击"消除笔"按钮，如图 12-31 所示。

STEP 09 弹出"消除笔"对话框，❶涂抹想要消除的画面内容，❷单击"立即生成"按钮，如图 12-32 所示，即可在不改变图片整体的前提下，对涂抹的地方进行消除。

STEP 10 将鼠标移至重新生成的图片上，在显示的工具栏中单击"超清图"按钮 HD，如图 12-33 所示，即可获得优化后的超清图效果。

STEP 11 将鼠标移至超清图上，在显示的工具栏中单击"下载"按钮，如图 12-34 所示，即可将生成的超清图下载至电脑中。

图 12-31 　　　　　　图 12-32

图 12-33 　　　　　　图 12-34

12.5 即梦以图生视频——《快乐小狗》

★ 效果展示

用户可以上传一张参考图,让 AI 根据图片生成一段对应内容的视频,效果如图 12-35 所示。

图 12-35

下面介绍在即梦中以图生视频的具体操作方法。

STEP 01 在"视频生成"页面的"图片生视频"选项卡中,单击"上传图片"按钮,如图 12-36 所示。

图 12-36

STEP 02 执行操作后,弹出"打开"对话框,在相应文件夹中,❶选择要上传的参考图,❷单击"打开"按钮,如图 12-37 所示,即可将其上传。

图 12-37

STEP 03 展开"运镜控制"选项区,在"运镜类型"列表框中选择"推近"选项,如图 12-38 所示,为视频添加运镜效果。

图 12-38

STEP 04 单击"生成视频"按钮,开始生成视频,生成结束后,即可预览生成的视频效果,如图 12-39 所示。

图 12-39

电脑中、长视频
处理篇

第 13 章

电影色调制作：塑造质感大片

◎ **本章要点**

在剪映专业版中为视频调色已经变得越来越便捷化和专业化，与其他复杂的视频调色软件相比，剪映调色功能全面，而且操作简单，是新手小白都能驾驭的一款调色软件。本章将介绍如何在剪映中进行基础的调色操作，以及如何调出各种电影般的色调。

◎ **效果欣赏**

13.1 运用调节工具进行调色

效果展示

剪映中的调节工具有很多选项，针对原视频中不足的部分，就可以逐一调节参数，让电影画面色彩更有吸引力，效果如图 13-1 所示。

扫码看教学视频　扫码看案例效果

图 13-1

下面介绍在剪映中运用调节工具进行调色的具体操作方法。

STEP 01 进入专业版剪映编辑页面，单击"导入"按钮，如图 13-2 所示。

STEP 02 ❶选择视频素材；❷单击"打开"按钮，如图 13-3 所示，把素材导入剪映的"本地"选项卡中。

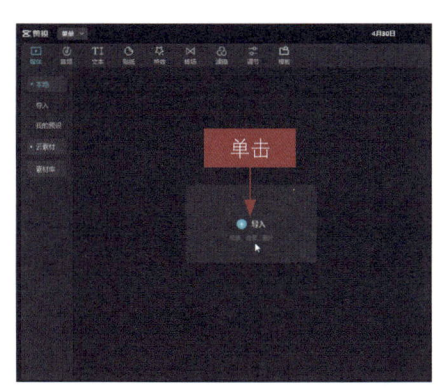

图 13-2 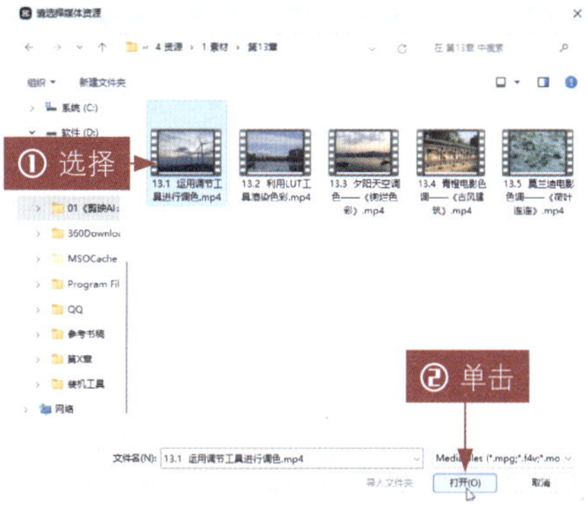　　　　图 13-3

STEP 03 单击素材右下角的"添加到轨道"按钮 ⊕，如图 13-4 所示。

STEP 04 把视频素材添加到视频轨道中，如图 13-5 所示。

图 13-4 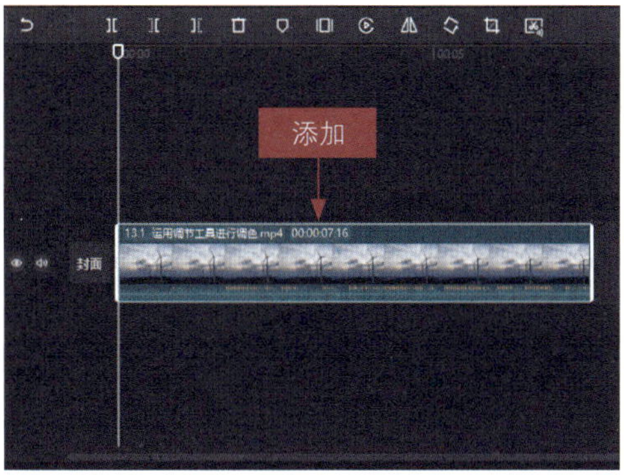　　　　图 13-5

STEP 05 ①单击"调节"按钮；②设置"亮度"参数为 10、"对比度"参数为 4、"高光"参数为 -50、"锐化"参数为 4，如图 13-6 所示，调整画面明度。

图 13-6

STEP 06 继续设置"色温"参数为 -21、"色调"参数为 21、"饱和度"参数为 26，如图 13-7 所示，让画面色彩更加明艳，让天空更加梦幻。

图 13-7

13.2 利用 LUT 工具渲染色彩

效果展示 LUT 比滤镜更突出的优势在于，应用 LUT 之后，还可以调整 LUT 的色彩、明度和效果，从而达到理想的电影画面，效果如图 13-8 所示。

扫码看教学视频　扫码看案例效果

图 13-8

下面介绍在剪映中利用 LUT 工具渲染色彩的具体操作方法。

STEP 01 把需要调色的视频素材添加到视频轨道中,如图 13-9 所示。

STEP 02 ❶单击"调节"按钮;❷切换至 LUT 选项卡;❸单击"导入"按钮,如图 13-10 所示。

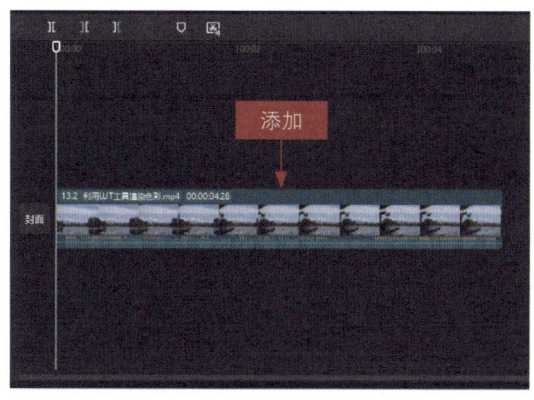

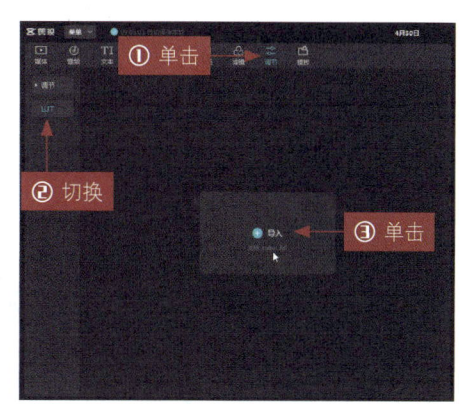

图 13-9　　　　　　　　　　　图 13-10

STEP 03 ❶在对话框中选择 LUT 文件;❷单击"打开"按钮,如图 13-11 所示。

STEP 04 导入 LUT 之后,单击右下角的"添加到轨道"按钮➕,如图 13-12 所示。

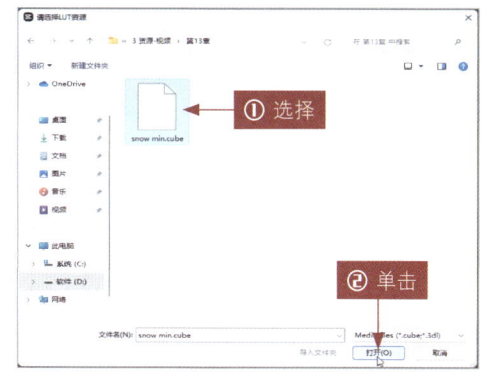

图 13-11　　　　　　　　　　　图 13-12

STEP 05 添加 LUT 到轨道中之后,❶切换至"调节"选项卡;❷单击"自定义调节"右下角的"添加到轨道"按钮➕,如图 13-13 所示,添加第 2 条调节轨道。

STEP 06 调整两条调节轨道的时长,使其对齐视频的时长,如图 13-14 所示。

STEP 07 选中视频素材,在"调节"面板中设置"饱和度"参数为 5、"亮度"参数为 8、"对比度"参数为 4、"高光"参数为 8,如图 13-15 所示,让画面色彩更加自然、美观。

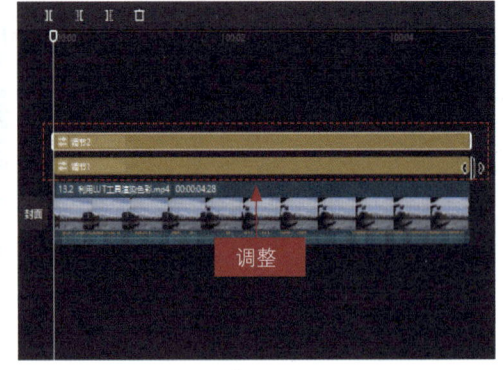

图 13-13

图 13-14

图 13-15

13.3 夕阳天空调色——《绚烂色彩》

效果展示：由于傍晚时分的曝光不足，拍摄的夕阳色彩也不够亮丽，因此后期调色需要复原绚烂的色彩，让电影画面变漂亮，效果如图 13-16 所示。

扫码看教学视频　扫码看案例效果

图 13-16

下面介绍在剪映中进行夕阳天空调色的具体操作方法。

STEP 01 在剪映 App 中导入素材，❶单击"滤镜"按钮；❷切换至"风景"选项卡；❸单击"橘光"滤镜右下角的"添加到轨道"按钮➕，如图 13-17 所示。

STEP 02 调整"橘光"滤镜的时长，使其对齐视频的时长，在"滤镜"面板中设置"强度"参数为 65，如图 13-18 所示，让滤镜效果更加自然。

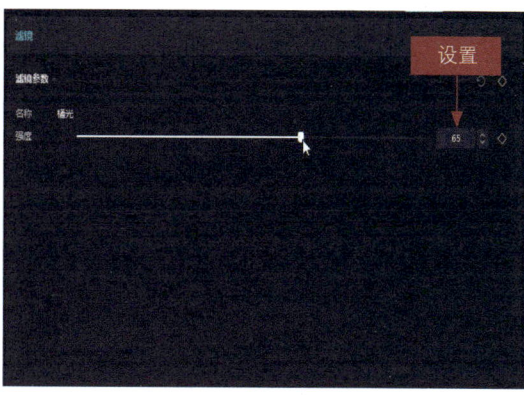

图 13-17　　　　　　　　　　图 13-18

STEP 03 选择视频素材，❶单击"调节"按钮；❷在"调节"面板中设置"色温"参数为 -15、"色调"参数为 6、"饱和度"参数为 9、"亮度"参数为 3、"对比度"参数为 4、"高光"参数为 4、"阴影"参数为 4、"光感"参数为 3，如图 13-19 所示，调整画面的明度和色彩，优化画面细节。

图 13-19

STEP 04 ❶切换至 HSL 选项卡；❷选择"红色"选项🔴；❸设置"饱和度"参数为 33，如图 13-20 所示，增强画面中红色夕阳的色彩饱和度。同理，设置"橙色"选项的"饱和度"参数为 36、"黄色"选项的"饱和度"参数为 14，让夕阳更漂亮。

STEP 05 ❶选择"蓝色"选项🔵；❷设置"色相"参数为 -47、"饱和度"参数为 38，如图 13-21 所示，让天空色彩更加饱满。

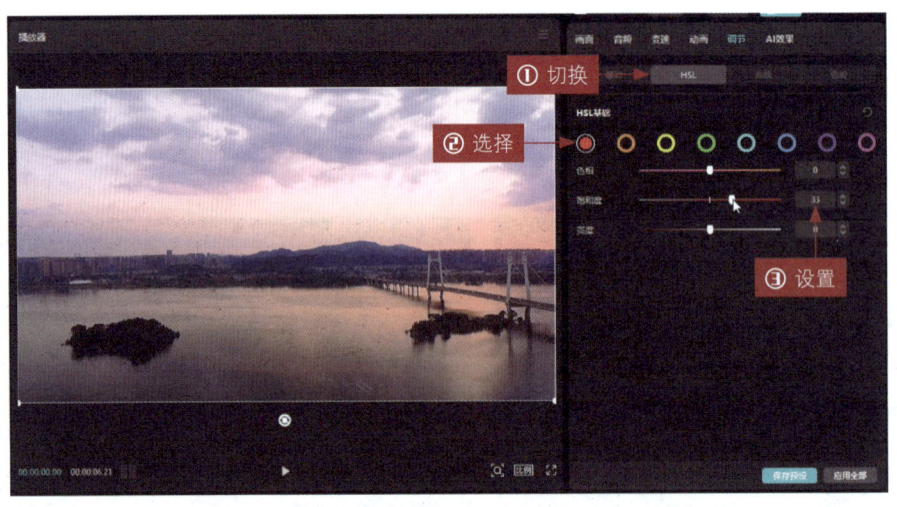

图 13-20

图 13-21

13.4 青橙电影色调——《古风建筑》

青橙色调是电影中比较常见的一种色调,因为这种色调适用场景很广,用在古风建筑中更是显得古色古香,电影感十足,效果如图 13-22 所示。

图 13-22

下面介绍在剪映中调出青橙电影色调的具体操作方法。

STEP 01　在剪映 App 中导入素材，①单击"滤镜"按钮；②切换至"影视级"选项卡；③单击"青橙"滤镜右下角的"添加到轨道"按钮➕，如图 13-23 所示。

STEP 02　调整"青橙"滤镜的时长，使其对齐视频的时长，如图 13-24 所示。

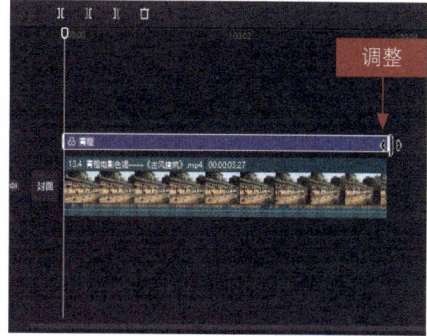

图 13-23　　　　　　　图 13-24

STEP 03　选择视频素材，①单击"调节"按钮；②在"调节"面板中设置"色温"参数为 -29、"饱和度"参数为 8、"亮度"参数为 -12、"光感"参数为 -8，如图 13-25 所示，调整画面的明度和色彩，优化画面细节。

图 13-25

STEP 04　①切换至 HSL 选项卡；②选择"橙色"选项⭕；③设置"饱和度"参数为 45，如图 13-26 所示，增强画面中橙色建筑物的色彩饱和度。

图 13-26

STEP 05 ❶选择"青色"选项◎；❷设置"色相"参数为50、"饱和度"参数为50，如图13-27所示，让画面中的青色色彩更加突出。

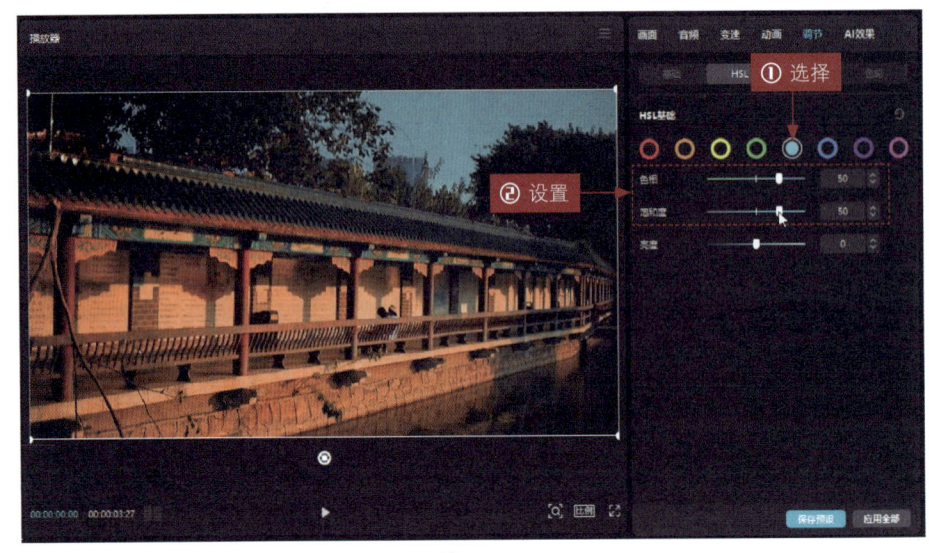

图13-27

STEP 06 ❶选择"蓝色"选项◎；❷设置"色相"参数为-28、"饱和度"参数为18，如图13-28所示，再重点突出画面中的青色色彩。

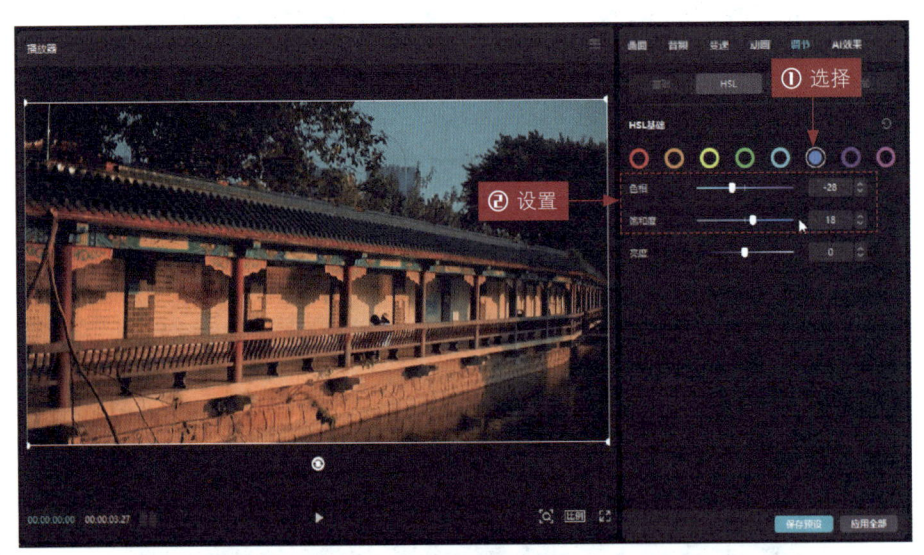

图13-28

13.5 莫兰迪电影色调——《荷叶连连》

效果展示

莫兰迪电影色调给人偏朴素淡雅的感觉，在影视剧中使用较多，这种色调颜色非常优雅，让人心神安宁，效果如图13-29所示。

扫码看教学视频　扫码看案例效果

图 13-29

下面介绍在剪映中调出莫兰迪电影色调的具体操作方法。

STEP 01 在剪映 App 中导入素材，❶在视频起始位置单击"滤镜"按钮；❷切换至"影视级"选项卡；❸单击"青黄"滤镜右下角的"添加到轨道"按钮 ➕，如图 13-30 所示。

STEP 02 调整"青黄"滤镜的时长，使其对齐视频的时长，在"滤镜"面板中设置"强度"参数为 79，如图 13-31 所示，让滤镜效果更加自然。

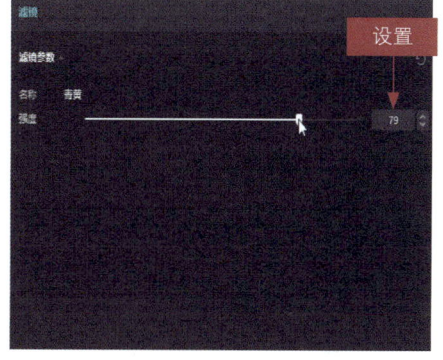

图 13-30　　　　　　　　　图 13-31

STEP 03 选择视频素材，❶单击"调节"按钮；❷在"调节"面板中设置"色温"参数为 -11、"色调"参数为 7、"饱和度"参数为 6、"亮度"参数为 3、"对比度"参数为 6、"高光"参数为 5、"光感"参数为 -6，如图 13-32 所示，调整画面的明度和色彩，优化画面细节。

STEP 04 ❶切换至 HSL 选项卡；❷选择"绿色"选项 ◉；❸设置"色相"参数为 72、"饱和度"参数为 12、"亮度"参数为 -31，如图 13-33 所示，调整画面中的绿色色彩。

STEP 05 ❶选择"青色"选项 ◉；❷设置"色相"参数为 -29，如图 13-34 所示，让色彩偏青绿一些。

图 13-32

第 13 章　电影色调制作：塑造质感大片

图 13-33

图 13-34

第14章

《新闻播报》：AI 虚拟数字人视频

◎ 本章要点

近年来，短视频行业呈现爆发式增长，成为一种广受欢迎的内容形式，成为人们获取信息的主要途径。如何不用真人出镜就能制作人像短视频呢？剪映的数字人智能技术可以满足这一需求，数字人可以变身为视频博主，轻松打造不同风格的虚拟网红形象。本章将介绍使用剪映电脑版制作数字人视频的技巧。

◎ 效果欣赏

14.1 添加新闻背景素材

效果展示

在剪映电脑版中生成数字人形象,还可以为其添加字幕文案并设置背景样式,制作符合需求的数字人,成品视频画面效果如图 14-1 所示。

图 14-1

下面介绍在剪映电脑版中添加新闻背景素材的具体操作方法。

STEP 01 进入剪映电脑版的"媒体"功能区,为了添加背景素材,❶切换至"素材库"选项卡;❷在搜索栏中输入并搜索"新闻背景";❸在搜索结果中单击所选素材右下角的"添加到轨道"按钮 ➕,如图 14-2 所示,添加新闻背景素材。

STEP 02 单击"关闭原声"按钮 🔊,设置背景视频为静音,如图 14-3 所示。

图 14-2 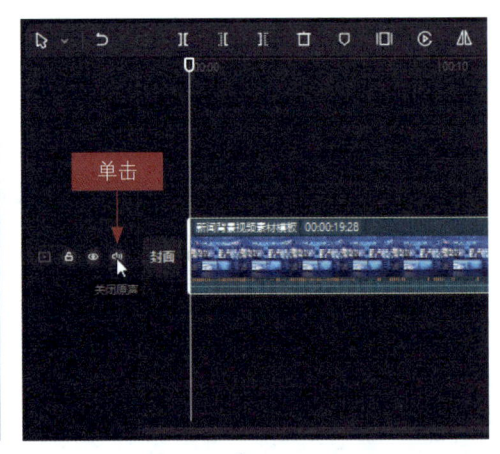   图 14-3

14.2 生成数字人视频

效果展示

在剪映电脑版中,用户可以通过更改文案内容的方式,生成与文案相适配的数字人视频。

下面介绍在剪映电脑版中生成数字人视频的具体操作方法。

STEP 01 为了添加数字人，①单击"文本"按钮，进入"文本"功能区；②单击"默认文本"右下角的"添加到轨道"按钮➕，如图 14-4 所示。

STEP 02 ①单击"数字人"按钮，进入"数字人"操作区；②选择"小铭-专业"选项；③单击"添加数字人"按钮，如图 14-5 所示，生成数字人视频素材。

STEP 03 为了删除不需要的文本，①选择"默认文本"；②单击"删除"按钮🗑，如图 14-6 所示，删除文本。

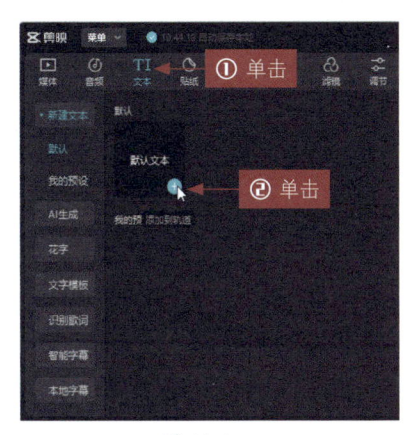

图 14-4

图 14-5

图 14-6

STEP 04 选择数字人视频素材，①单击"文案"按钮，进入"文案"操作区；②输入新闻文案；③单击"确认"按钮，如图 14-7 所示。

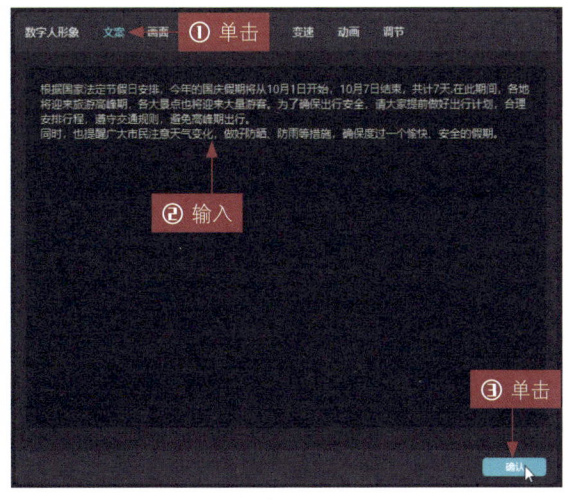

图 14-7

STEP 05 稍等片刻，即可渲染一段新的数字人视频素材，其中含有动态的数字人形象和文案解说音频，如图 14-8 所示。

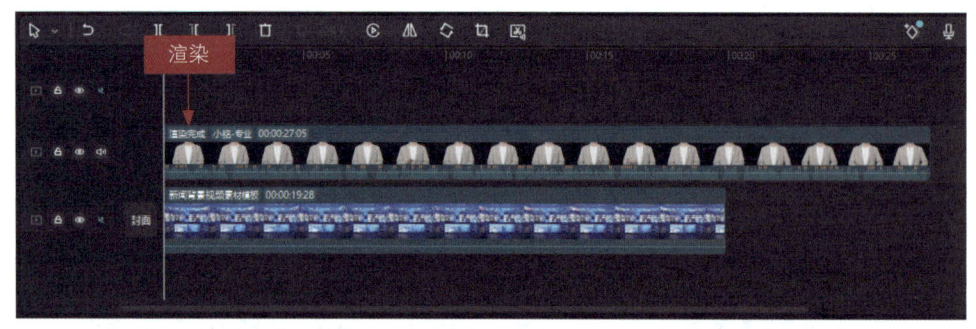

图 14-8

14.3 编辑数字人视频

★ 效果展示：为了让数字人形象与背景样式相匹配，可以调整数字人的画面大小和位置，并添加蒙版，让画面更和谐。

下面介绍在剪映电脑版中编辑数字人视频的具体操作方法。

STEP 01 为了让数字人更适配背景，可调整数字人素材的画面大小和位置，如图 14-9 所示。

图 14-9

STEP 02 为了进行蒙版处理，遮挡数字人的下半身，选择背景素材，按 Ctrl + C 组合键复制素材，按 Ctrl + V 组合键粘贴背景素材，❶调整其轨道位置，使其处于第 2 条画中画轨道中；❷单击"关闭原声"按钮，设置背景视频为静音，如图 14-10 所示。

STEP 03 ❶切换至"蒙版"选项卡；❷选择"线性"蒙版；❸调整蒙版线的位置；❹单击"反转"按钮，遮挡住数字人的下半身，如图 14-11 所示。

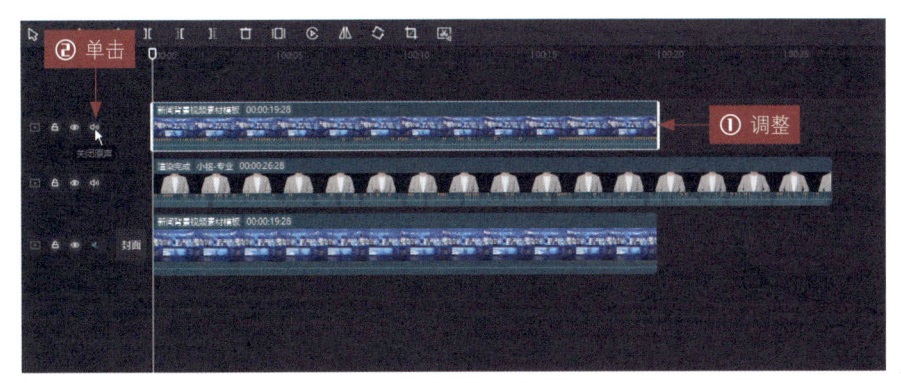

图 14-10

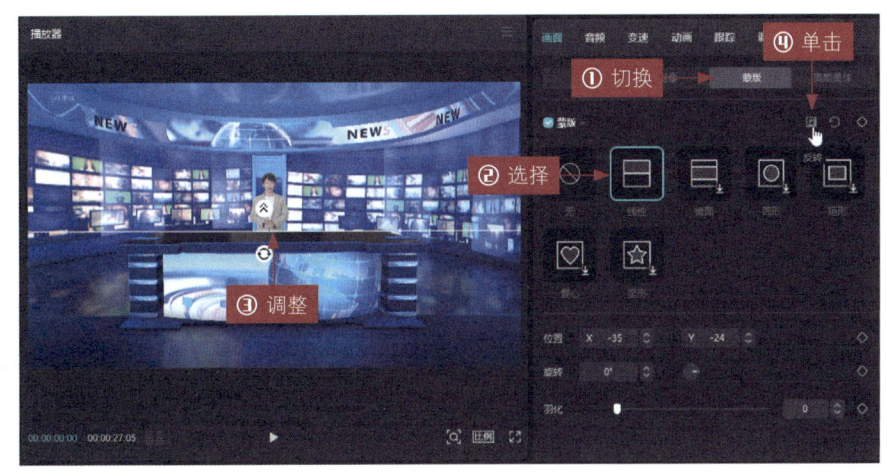

图 14-11

STEP 04 为了为剩下的数字人添加背景素材，❶选择第 2 条画中画轨道中的背景素材，按 Ctrl + C 组合键复制素材；❷按 Ctrl + V 组合键，在背景素材的后面粘贴素材；❸在数字人素材的后面单击"向右裁剪"按钮，如图 14-12 所示，分割并删除多余的背景素材。

STEP 05 为了继续添加背景素材，❶选择视频轨道中的背景素材，按 Ctrl + C 组合键复制素材；❷按 Ctrl + V 组合键在背景素材的后面粘贴素材；❸在数字人素材的后面单击"向右裁剪"按钮，如图 14-13 所示，继续分割素材，并删除多余的背景素材。

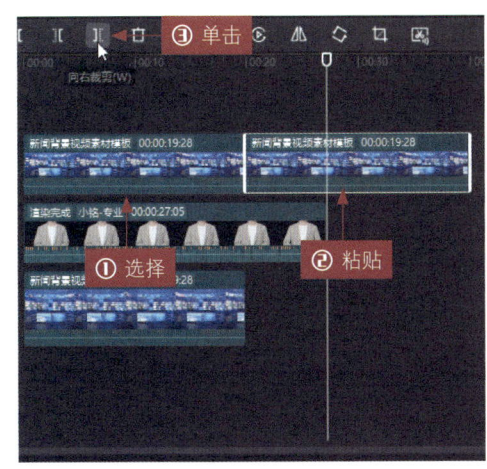

图 14-12　　　　　　　　　　　图 14-13

14.4 添加贴纸

效果展示 为了使新闻播报的视频效果更加真实，还可以为其添加贴纸和片尾效果，制作更加真实的新闻播报画面。

下面介绍在剪映电脑版中添加贴纸的具体操作方法。

STEP 01 为了添加字幕背景，❶单击"贴纸"按钮，进入"贴纸"功能区；❷在搜索栏中输入并搜索"新闻"；❸在搜索结果中单击所选贴纸右下角的"添加到轨道"按钮 ➕，如图 14-14 所示。

STEP 02 添加贴纸后，调整贴纸的时长，使其对齐视频时长，如图 14-15 所示。

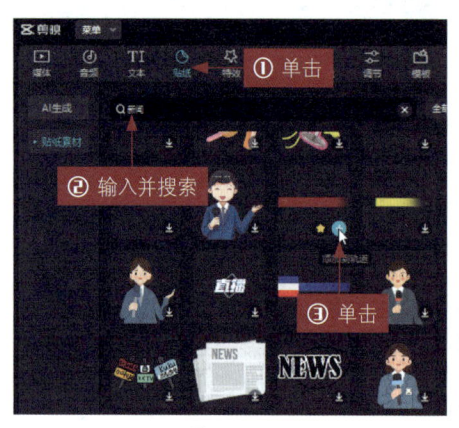

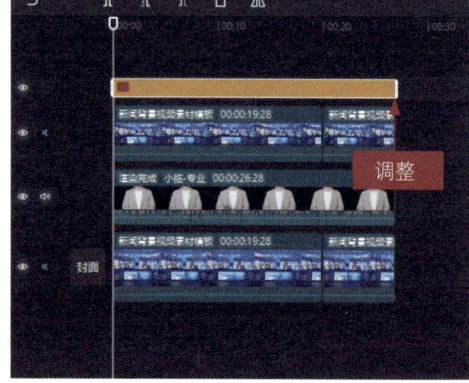

图 14-14　　　　　　　　　图 14-15

14.5 添加字幕

效果展示 在剪映电脑版中，用户可以通过语音识别字幕，生成与文案相适配的字幕。

下面介绍在剪映电脑版中添加字幕的具体操作方法。

STEP 01 ❶单击"文本"按钮，进入"文本"功能区；❷切换至"智能字幕"选项卡；❸在"识别字幕"选项区中单击"开始识别"按钮，如图 14-16 所示，通过语音识别字幕。

STEP 02 稍等片刻，即可为视频添加字幕，如图 14-17 所示。

STEP 03 ❶在"播放器"面板中调整贴纸的画面大小和位置，选择字幕；❷在"文本"操作区中设置合适的字体；❸单击"导出"按钮，导出视频，如图 14-18 所示。

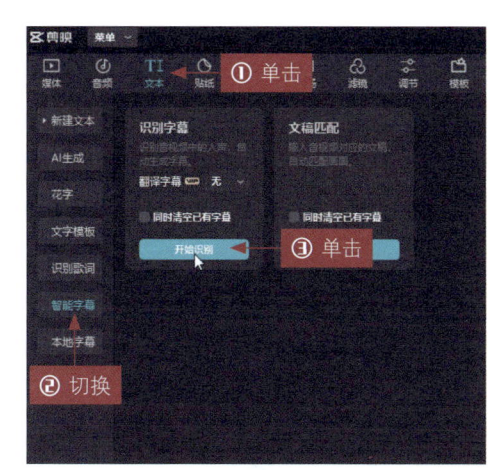

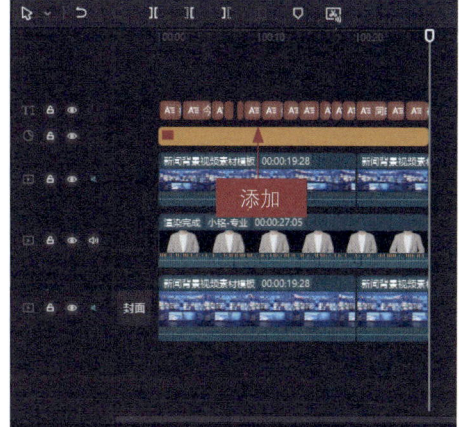

图 14-16

图 14-17

图 14-18

第 15 章

《大美长沙》：制作精彩视频集锦

◎ **本章要点**

　　电脑版剪映界面大气、功能强大、布局灵活，为电脑端用户提供了更舒适的创作剪辑条件，在电脑版剪映中制作长视频变得更加方便了，不仅功能简单好用，素材丰富，而且上手难度低，只要你熟悉手机版剪映，就能轻松驾驭电脑版，轻松制作艺术大作。本章主要介绍在专业版剪映中如何剪辑和完善中、长视频的方法。

◎ **效果欣赏**

15.1 导入多段视频素材

效果展示

本章的综合案例视频是由几十个地点延时视频组合在一起的，因此导入素材后应根据需要调整视频的顺序，效果如图 15-1 所示。

扫码看教学视频　扫码看案例效果

图 15-1

下面介绍在剪映中导入多段视频素材的具体操作方法。

STEP 01　单击"导入"按钮，全选文件夹中的所有素材，把素材导入剪映的"本地"选项卡中，如图 15-2 所示。

STEP 02　❶全选"本地"面板中的所有素材；❷单击素材右下角的"添加到轨道"按钮，如图 15-3 所示，把所有视频素材添加到视频轨道中。

图 15-2 　　　　图 15-3

STEP 03　根据需要，调整素材的轨道位置和部分视频素材的画面尺寸，并删除重复的开场素材和人像照片素材，如图 15-4 所示。

图 15-4

15.2 添加音乐和剪辑时长

效果展示

根据视频主题,添加合适的卡点音乐,能让视频更加动感,再剪辑视频的时长,让视频更加精彩,效果如图 15-5 所示。

图 15-5

下面介绍在剪映中添加音乐和剪辑视频时长的具体操作方法。

STEP 01 ❶单击"音频"按钮;❷在搜索栏中搜索合适的音乐素材;❸单击所选音乐右下角的"添加到轨道"按钮 ,如图 15-6 所示,添加背景音乐。

STEP 02 ❶单击"自动踩点"按钮 ;❷在弹出的面板中选择"踩节拍 I"选项,如图 15-7 所示。

STEP 03 拖曳第 1 段素材右侧的白框,调整第 1 段素材的时长,对齐音频轨道上第 2 个蓝色小点的位置,如图 15-8 所示。

STEP 04 调整第 2 段素材的时长,对齐音频轨道上第 3 个蓝色小点的位置,如图 15-9 所示。

图 15-6 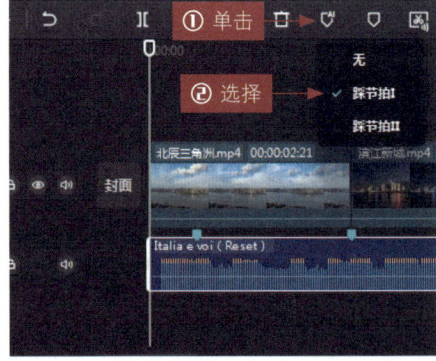　　　　图 15-7

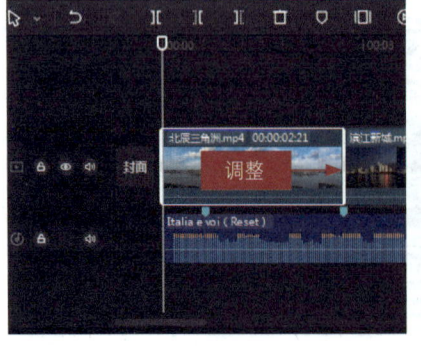

图 15-8 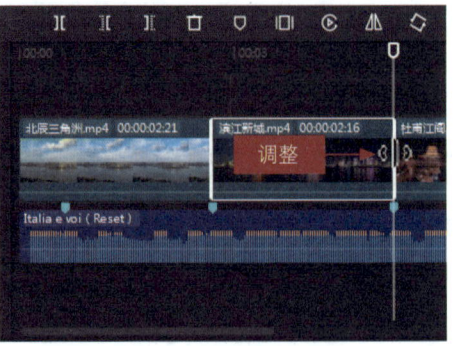　　　　图 15-9

STEP 05 用以上同样的方法，根据音乐节奏，调整其余素材的时长，分别对齐相应蓝色小点的位置，如图 15-10 所示，最后删除多余的音频，并在"音频"面板中设置"淡出时长"为 1.6s。

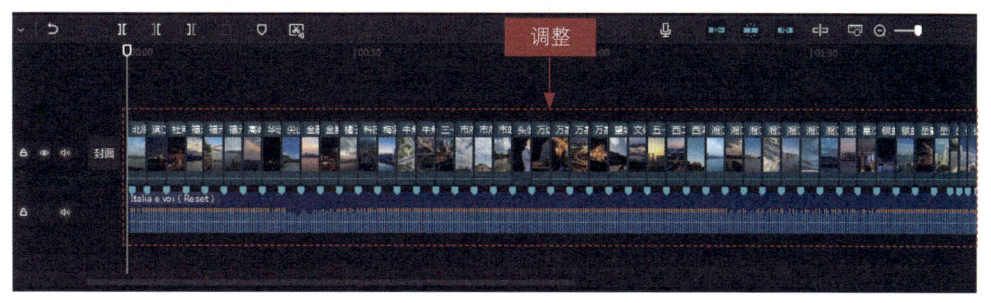

图 15-10

> 专家提醒　通过"自动踩点"功能剪辑视频，能让每段视频素材更加有节奏感。

15.3 为视频素材设置转场

效果展示　为了防止视频片段之间的过渡过于单调，可以为视频设置多种转场效果，提高视频的观赏性，效果如图 15-11 所示。

扫码看教学视频

图 15-11

下面介绍在剪映中为视频素材设置转场的具体操作方法。

STEP 01 拖曳时间指示器至第 2 段和第 3 段素材之间的位置，①单击"转场"按钮；②切换至"运镜"转场选项卡；③单击"拉远"转场右下角的"添加到轨道"按钮，如图 15-12 所示，添加转场。

STEP 02 拖曳时间指示器至第 3 段和第 4 段素材之间的位置，单击"推近"运镜转场右下角的"添加到轨道"按钮，添加转场，如图 15-13 所示，同理，为剩下的素材设置合适的转场，设置的转场主要以"推进"和"拉远"转场为主，让视频素材之间的切换自然而统一。

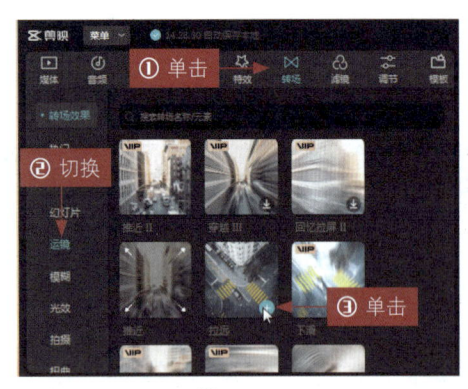

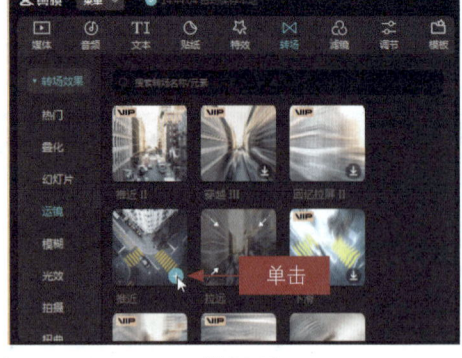

图 15-12

图 15-13

15.4 制作片头和片尾

为视频制作精美的片头和片尾，能让视频更加完整，在片尾处还可以添加作者的头像，让视频更具个性化，效果如图 15-14 所示。

图 15-14

下面介绍在剪映中制作片头片尾的具体操作方法。

STEP 01 ①在视频起始位置单击"文本"按钮；②单击"默认文本"右下角的"添加到轨道"按钮+，如图 15-15 所示，添加文本。

STEP 02 添加两段"默认文本"，并调整两段"默认文本"的时长，使其对齐第 1 段素材的末尾位置，如图 15-16 所示。

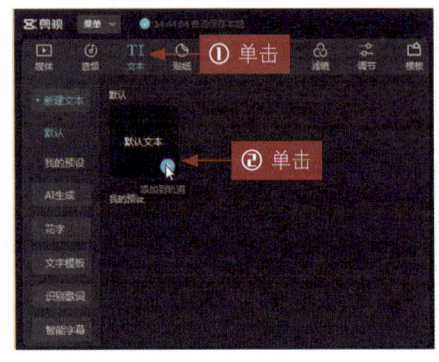

图 15-15

图 15-16

STEP 03 选择第 1 段长一点的"默认文本",❶在"文本"选项卡中更改文字内容;❷选择合适的字体;❸调整文字的位置和大小,如图 15-17 所示。

图 15-17

STEP 04 ❶单击"动画"按钮;❷在"入场"选项卡中选择"向下溶解"动画;❸设置"动画时长"为 1.0s,如图 15-18 所示。

图 15-18

STEP 05 ❶切换至"出场"选项卡;❷选择"模糊"动画,如图 15-19 所示。

图 15-19

STEP 06 ❶更改第 2 段"默认文本"的文字内容,并设置合适的字体;❷在"预设样式"选项区中选择红底白字样式;❸调整文字的位置和大小,设置背景格式,如图 15-20 所示。

并为该段文字设置与上一段文字一样的动画效果。

图 15-20

STEP 07 把头像素材拖曳至视频末尾位置，并调整头像素材的时长约为 **7.0s**，如图 **15-21** 所示。

STEP 08 再添加一段"默认文本"，并调整其时长，如图 **15-22** 所示。

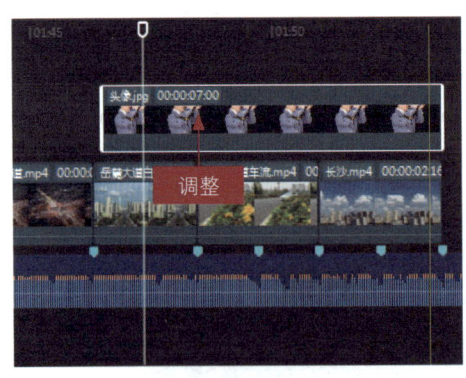

图 15-21 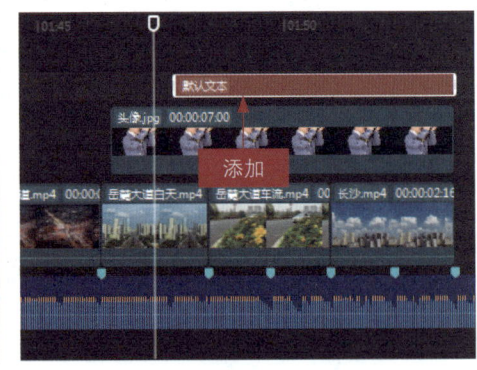   图 15-22

STEP 09 选择头像素材，❶切换至"抠像"选项卡；❷选中"智能抠像"复选框，抠出人像；❸调整头像的位置和大小，如图 **15-23** 所示。

STEP 10 ❶单击"动画"按钮；❷在"入场"选项卡中选择"向上转入Ⅱ"动画；❸设置"动画时长"为 **2.0s**，如图 **15-24** 所示。

STEP 11 选择"默认文本"，❶更改文字内容，并调整文字的位置和大小；❷选择字体，如图 **15-25** 所示。

STEP 12 为该段文字❶设置"故障打字机"入场动画，❷设置"动画时长"为 **2.0s**，再设置"渐隐"出场动画，如图 **15-26** 所示。

图 15-23

图 15-24

图 15-25

图 15-26

15.5 制作标签文字

效果展示：由于本视频由几十段地点视频组成，因此可以为每段视频添加地点标签文字，使视频内容一目了然，效果如图 15-27 所示。

图 15-27

下面介绍在剪映中制作标签文字的具体操作方法。

STEP 01 为第 2 段素材添加一段"默认文本"，并调整其时长，如图 15-28 所示。

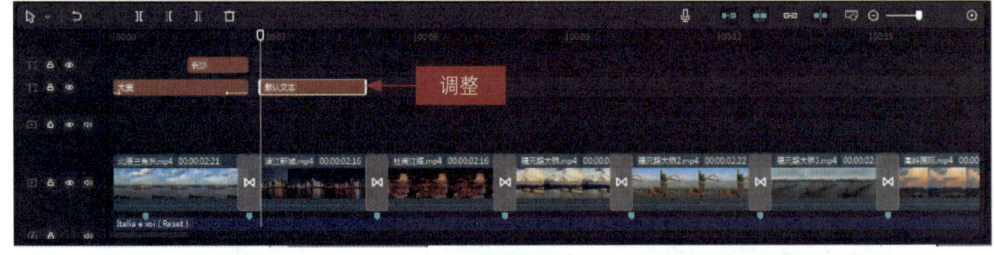

图 15-28

STEP 02 ❶在"文本"选项卡中输入地点文字；❷选择合适的字体；❸调整文字的位置和大小，如图 15-29 所示。

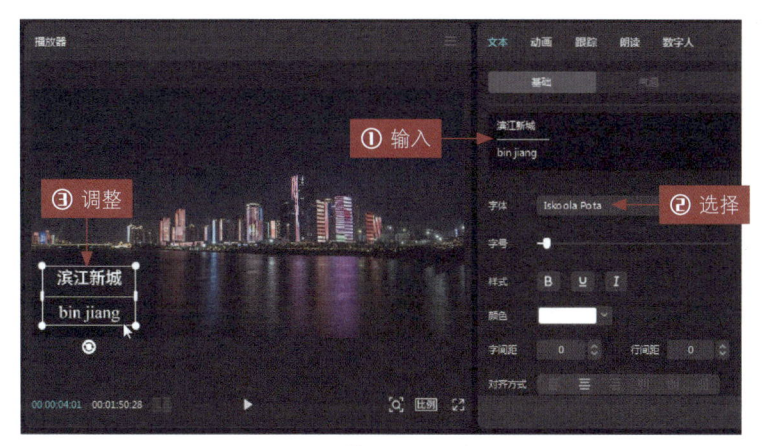

图 15-29

STEP 03 为文字设置"溶解"入场动画和"模糊"出场动画,如图 15-30 所示。

图 15-30

STEP 04 复制该段地点文字至下一段素材中,❶更改文字内容;❷并将其调整至合适位置,如图 15-31 所示。

图 15-31

STEP 05 同理,为剩下的视频素材添加地点标签文字,部分效果如图 15-32 所示。

图 15-32

15.6 导出完整视频

效果展示 所有操作完成后，就可以导出视频了，由于该段视频时长较长，素材较多，导出时需要多等待一些时间，效果如图 15-33 所示。

图 15-33

下面介绍在剪映中导出完整视频的具体操作方法。

STEP 01 操作完成后，单击右上角的"导出"按钮，如图 15-34 所示。

STEP 02 ①在弹出的"导出"面板中更改标题；②单击"导出至"右侧的按钮，设置相应的保存路径；③单击"导出"按钮，如图 15-35 所示，导出完成后单击"关闭"按钮即可完成导出操作。

图 15-34 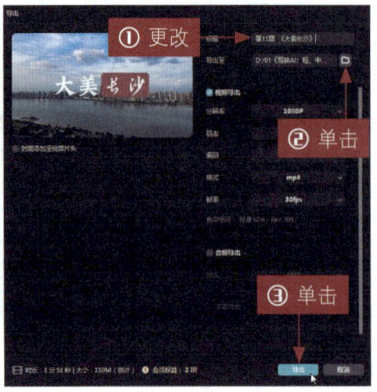   图 15-35

第16章

《秀丽江景》：延时视频后期流程

◎ **本章要点**

本章主要介绍制作延时视频的后期流程，包括导入延时照片、制作延时视频、添加动感音乐、调出靓丽色调和导出延时视频等内容。用电脑版剪映制作延时视频，可以大大简化制作流程。

◎ **效果欣赏**

16.1 导入延时照片

效果展示：本章是一个综合案例，在制作这个案例之前，首先要把200张照片导入剪映。效果文件只展示最终的成品视频，如图16-1所示。

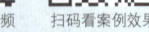

图 16-1

下面介绍在剪映中导入照片素材的具体操作方法。

STEP 01 进入剪映编辑界面，单击"导入"按钮，如图16-2所示。

STEP 02 ①按 Ctrl + A 组合键全选文件夹中的所有延时照片素材；②单击"打开"按钮，如图16-3所示，把照片素材导入剪映的"本地"选项卡。

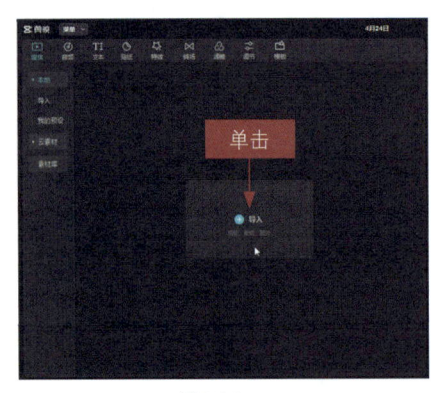

图 16-2   图 16-3

STEP 03 ①全选"本地"选项卡中的照片素材；②单击第1个素材右下角的"添加到轨道"按钮，如图16-4所示。

STEP 04 操作完成后，即可把延时照片素材添加到视频轨道中，如图16-5所示。

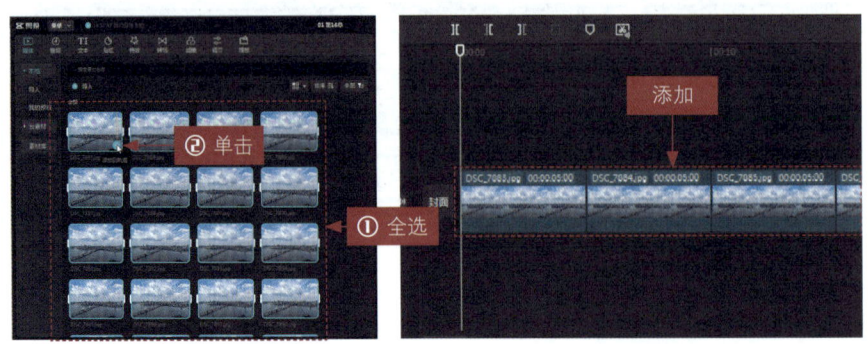

图 16-4   图 16-5

STEP 05 单击右上角的"导出"按钮,如图 16-6 所示。

STEP 06 ❶在弹出的"导出"面板中更改"标题";❷单击"导出至"右侧的按钮 ,设置相应的保存路径;❸单击"导出"按钮,如图 16-7 所示,导出视频。

图 16-6　　　　　　　　　　　图 16-7

16.2 制作延时视频

上一步导出的视频一共有 16 分钟长,本节的目的就是把 16 分钟的视频制作成 10 秒的延时视频,这样就能实现视频延时的效果。

下面介绍在剪映中制作延时视频的具体操作方法。

扫码看教学视频

STEP 01 新建一个草稿文件,把上一个步骤导出的视频导入"本地"选项卡,单击视频右下角的"添加到轨道"按钮 ,如图 16-8 所示,把视频添加到视频轨道中。

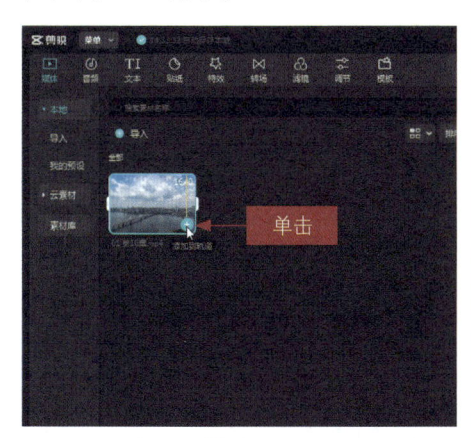

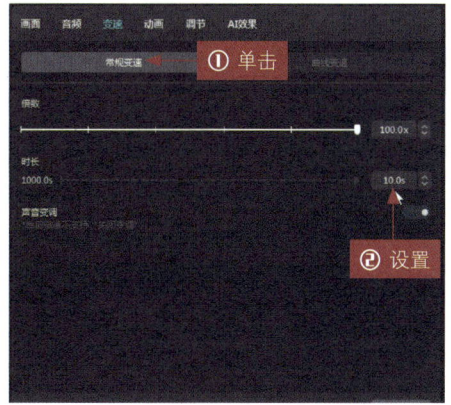

STEP 02 ❶单击右上角的"变速"按钮;❷在"常规变速"选项卡中设置"时长"参数为 10.0s,如图 16-9 所示。

图 16-8　　　　　　　　　　　图 16-9

STEP 03 操作完成后,视频轨道中的视频时长变成了 10 秒,如图 16-10 所示。

图 16-10

> **专家提醒** 直接在"变速"面板中设置"时长"参数,可以让视频快速达到理想的时长。

16.3 添加动感音乐

没有背景音乐的视频只能算半成品,为视频添加动感音乐,能让延时视频如虎添翼,让画面更有节奏感。

下面介绍在剪映中添加动感音乐的具体操作方法。

STEP 01 ❶在视频起始位置单击"音频"按钮;❷在搜索栏中搜索合适的音乐素材;❸单击所选音乐右下角的"添加到轨道"按钮 ，如图 16-11 所示。

STEP 02 添加音乐之后,❶拖曳时间指示器至视频末尾位置;❷选中音频后单击"向右裁剪"按钮 ，分割并删除音频,如图 16-12 所示。

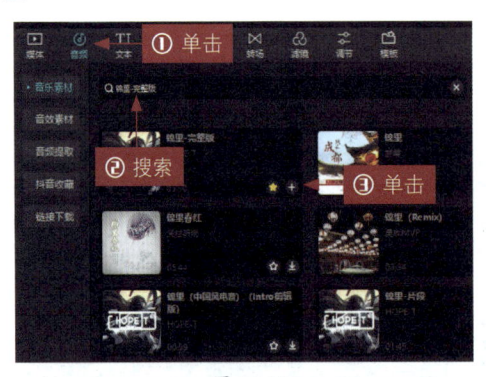

图 16-11 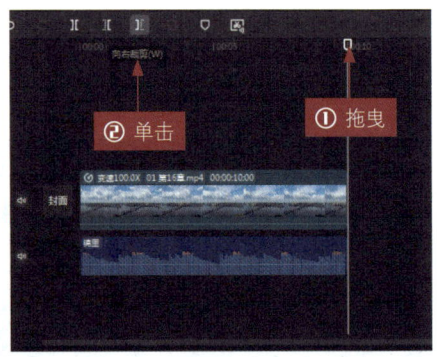　　　　图 16-12

STEP 03 操作完成后,即可为延时视频添加动感音乐,如图 16-13 所示。

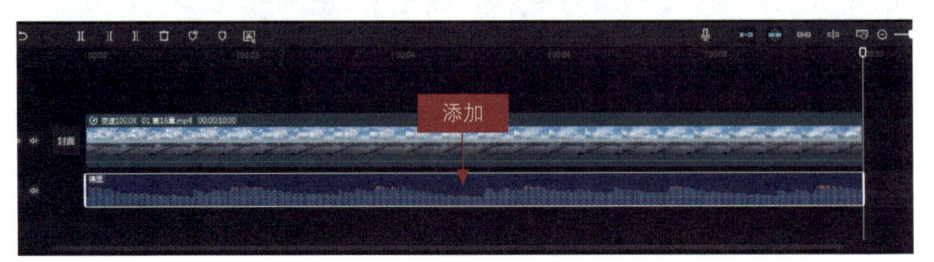

图 16-13

16.4 调出靓丽色调

为了让视频画面色彩更加靓丽，画面更有识别度，可以给视频调色，调出理想的色调，让视频更有吸引力。

下面介绍在剪映中调出靓丽色调的具体操作方法。

STEP 01 选中视频素材，❶单击"调节"按钮；❷在"调节"面板中拖曳滑块，设置"色温"参数为 -12、"饱和度"参数为 9、"对比度"参数为 15、"光感"参数为 -9，如图 16-14 所示，调整画面的色彩和明度。

图 16-14

STEP 02 ❶在视频起始位置单击"滤镜"按钮；❷在搜索栏中搜索合适的滤镜素材；❸单击所选滤镜右下角的"添加到轨道"按钮，如图 16-15 所示，添加滤镜。

STEP 03 调整滤镜的轨道时长，对齐视频素材的时长，如图 16-16 所示。

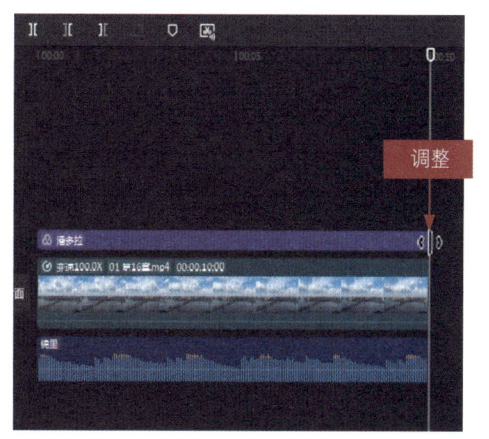

图 16-15　　　　　　图 16-16

专家提醒　在调色时，最好多尝试几款滤镜，选择最合适的那一款滤镜。

16.5 导出延时视频

操作完成后,即可导出延时视频,在"导出"面板中可以设置相应的参数,从而达到理想的参数效果。

下面介绍在剪映中导出延时视频的具体操作方法。

STEP 01 操作完成后,单击"导出"按钮,如图 16-17 所示。

STEP 02 ①在弹出的"导出"面板中更改作品名称;②单击"导出至"右侧的按钮 ,设置相应的保存路径;③单击"导出"按钮,如图 16-18 所示,导出完成后单击"关闭"按钮即可。

图 16-17

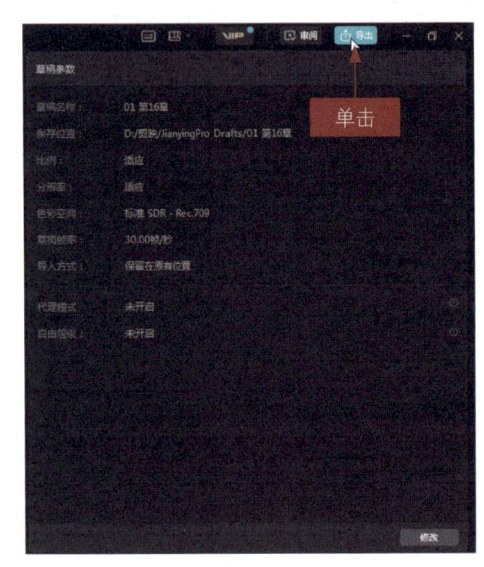

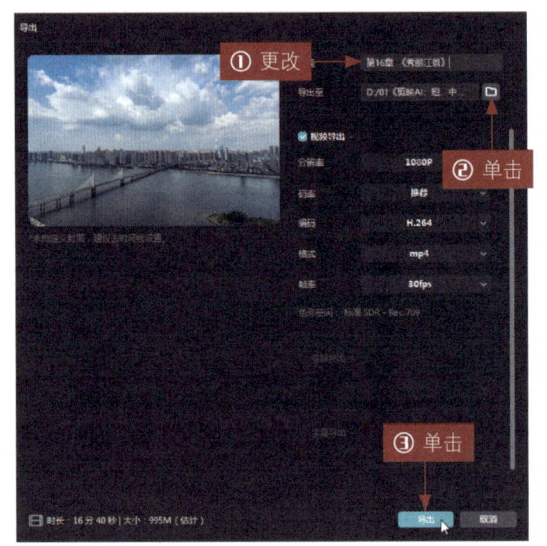

图 16-18